Berichte zur Lebensmittelsicherheit 2006

Bericht zur Futtermittelkontrolle

Nationaler Rückstandskontrollplan für Lebensmittel tierischen Ursprungs

Bericht zum Schnellwarnsystem

Inspektionsbericht

Inhaltsverzeichnis

1 Bericht zur Futtermittelkontrolle

1.1
Ziel der Futtermittelkontrolle

Die amtliche Futtermittelkontrolle dient der Verifizierung der Einhaltung des Futtermittelrechtes, insbesondere der Verordnungen (EG) Nr. 178/2002, 183/2005, 1829/3003, 1831/2003, 999/2001, des Lebensmittel- und Futtermittelgesetzbuches und der Futtermittelverordnung. Sie soll die Unbedenklichkeit der vom Tier gewonnenen Lebensmittel für die menschliche Gesundheit sicherstellen, die Tiergesundheit schützen, die Gefährdung des Naturhaushaltes verhindern sowie die Leistungsfähigkeit der Tiere erhalten und verbessern.

Kontrolliert wird die Einhaltung rechtlicher Vorschriften über unerwünschte Stoffe, unzulässige Stoffe, verbotene Stoffe, Rückstände von Schädlingsbekämpfungsmitteln, Futtermittel-Zusatzstoffe, Vormischungen und Futtermittel, die Bezeich-

nung und Kennzeichnung von Futtermitteln, Vormischungen und Futtermittel-Zusatzstoffen, sowie die Einhaltung der Verbote zum Schutz vor Täuschung und die Werbung.

Die Durchführung der amtlichen Futtermittelkontrolle ist Aufgabe der zuständigen Landesbehörden (siehe Diagramm). Um einen einheitlichen Kontrollansatz in den Ländern zu gewährleisten, war 2006 wie auch schon in den Vorjahren ein koordiniertes „Nationales Kontrollprogramm Futtermittelsicherheit", welches von den Ländern, dem Bundesministerium für Ernährung, Landwirtschaft und Verbraucherschutz (BMELV), dem Bundesamt für Verbraucherschutz und Lebensmittelsicherheit (BVL) und dem Bundesinstitut für Risikobewertung (BfR) gemeinsam ausgearbeitet und von der Agrarministerkonferenz des Bundes und der Länder am 4. März 2005 bestätigt worden war, die Basis der amtlichen Futtermittelkontrolle.

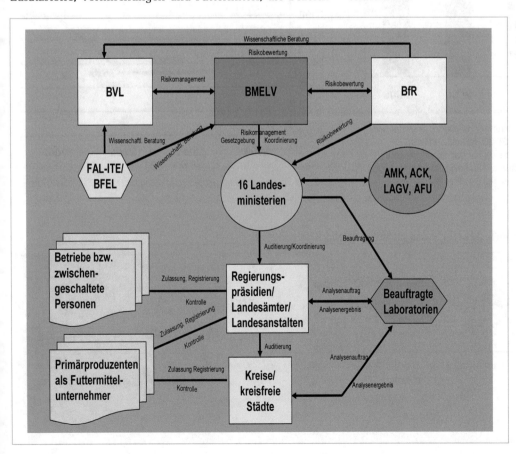

Diagramm Amtliche Futtermittelkontrolle in der Bundesrepublik Deutschland

Die Kontrollen umfassen:

1. Prozesskontrollen (Betriebs- und Buchprüfungen)

   Bei einer Betriebsprüfung wird der Betrieb auf Überein-stimmung mit Rechtsvorgaben und bestimmten allge-meinen Anforderungen, beispielsweise durch Erfassung von wesentlichen Betriebsdaten, Begehung der Räumlich-keiten und Anlagen sowie von Flächen und Überprüfung der Dokumente, von Abläufen, Tätigkeiten oder Erzeugnis-sen kontrolliert.

   Bei einer Buchprüfung wird insbesondere die Einhaltung der Dokumentationspflichten der zugelassenen und regis-trierten Betriebe über einen festgelegten Zeitraum vor der Prüfung kontrolliert.

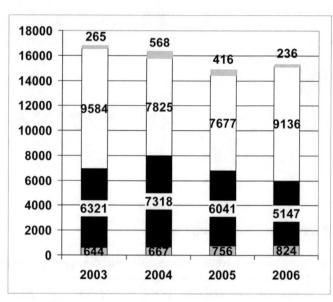

Abb. 1-2 Anzahl der Betriebsprüfungen im Zeitraum der Jahre 2003 bis 2006 (grau = Herstellerbetrieb von Einzelfuttermitteln; schwarz = übrige Hersteller/Händlerbetriebe [Mischfuttermittel, Vormischungen, Futtermittelzusatzstoffe] einschließlich Vertreter von Drittlandsherstel-ler; weiß = Tierhalter; gestreift = Sonstige [Spediteur, Tierarzt, Lagerbe-trieb]).

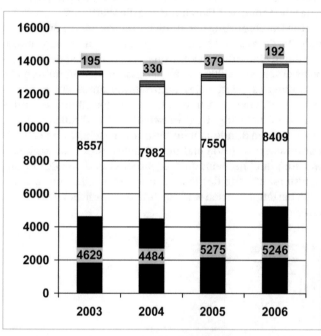

Abb. 1-1 Anzahl der durch die Überwachung erfassten Orte der Kon-trolle im Zeitraum der Jahre 2003 bis 2006 (schwarz = Hersteller und Vertriebsunternehmen; weiß = Tierhalter; schwarz-weiß gestreift = Sonstige; zusätzliche Angabe in Bezug auf Eingangsstellen: im Jahr 2003 21, im Jahr 2004 16, im Jahr 2005 9 und im Jahr 2006 3).

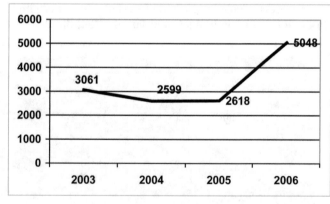

Abb. 1-3 Anzahl der Buchprüfungen im Zeitraum von 2003 bis 2006.

Tab. 1-1 Anzahl der anerkannten Betriebe (§ 28 FMV) in den Jahren 2003, 2004, 2005 und 2006.

	Herstellerbetriebe						Handelsbetriebe	
	Futtermittel-Zusatzstoffe	Vor-mischungen	Zulassungs-bedürftige Einzel-futtermittel	Mischfuttermittel		Mischfuttermittel unter Verwendung von Einzelfuttermitteln mit überhöhten Gehalten an unerwünschten Stoffen	gesamt	davon Vertreter von Drittlands-herstellern
				Gewerblich	nicht gewerblich			
2003	32	157	4	376	12	308	252	65
2004	27	138	15	409	9	–	294	54
2005	28	142	12	391	11	–	285	58
2006	25	123	11	364	10	–	296	74

Tab. 1-2 Anzahl der registrierten Betriebe (§ 30 FMV) in den Jahren 2003, 2004, 2005 und 2006.

			2003	2004	2005	2006
Herstellerbetriebe	Einzelfuttermittel		–	–	–	43.244
	Futtermittel-Zusatzstoffe		21	22	29	63
	Vormischungen		145	122	124	159
	Trocknungsbetriebe		–	42	47	175
	Mischfuttermittel	gewerblich	457	473	491	1.015
		Nicht gewerblich	14	10	28	231.216
Handelsbetriebe	Insgesamt		210	231	241	12.355
	dav. Vertreter von Drittlandsherstellern		52	49	58	110
Lagerbetriebe			–	–	-	515

Tab. 1-3 Anzahl der untersuchten Proben und der beanstandeten Proben nach Futtermittelarten sowie Beanstandungen in v. H. in den Jahren 2003, 2004, 2005 und 2006.

	Anzahl der Proben				**Beanstandungen in v. H.**			
	2003	**2004**	**2005**	**2006**	**2003**	**2004**	**2005**	**2006**
Einzelfuttermittel	6.777	7.092	6.212	5.484	7,0	5,5	6,1	5,4
Mischfuttermittel								
für Geflügel	3.671	3.175	2.634	2.345	24,1	22,6	21,5	21,7
für Schweine	4.497	3.835	3.561	3.186	21,0	19,5	22,2	19,8
für Rinder	6.235	4.759	5.117	4.384	21,6	17,5	17,8	14,6
für andere Nutztiere	2.012	2.415	1.322	1.079	28,2	21,1	24,2	25,1
für Heimtiere	195	511	408	369	24,0	24,3	25,5	17,3
für andere Tiere	34	37	24	23	17,6	5,4	16,7	34,8
Mischfuttermittel insgesamt	17.115	14.732	13.066	11.386	21,4	19,9	20,6	18,6
davon Mineralfuttermittel	1.565	1.220	1.342	1.250	34,7	31,3	35,2	29,8
Vormischungen	533	433	420	383	34,7	31,4	33,3	25,8
Futtermittel-Zusatzstoffe und deren Zubereitungen	305	159	149	179	4,6	1,9	2,7	4,5
Gesamt	**24.730**	**22.416**	**19.847**	**17.432**	**17,5**	**15,4**	**16,2**	**14,5**

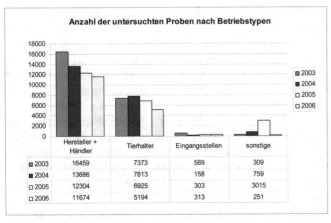

Anzahl der untersuchten Proben nach Betriebstypen

	Hersteller + Händler	Tierhalter	Eingangsstellen	sonstige
2003	16459	7373	589	309
2004	13686	7813	158	759
2005	12304	6925	303	3015
2006	11674	5194	313	251

Abb. 1-4 Anzahl der untersuchten Proben differenziert nach Betriebstypen im Zeitraum 2003 bis 2006

2. Produktkontrollen (Probenahmen und Analysen auf Inhaltsstoffe, Zusatzstoffe, unerwünschte Stoffe, unzulässige Stoffe, verbotene Stoffe, Rückstände von Schädlingsbekämpfungsmitteln. Dazu gehören auch die Kontrolle der Bezeichnung und der Kennzeichnung von Futtermitteln und die Kontrolle der Einhaltung der Verbote zum Schutz vor Täuschung und Werbung).

Die in dem Bericht ausgewiesenen Proben/Analysen wurden risikoorientiert bzw. zufällig (Statuserhebungen) entnommen. Beprobt wurden: Einzelfuttermittel, Futtermittel-Zusatzstoffe, Vormischungen und Mischfuttermittel (einschließlich Heimtierfuttermittel).

Die durchgeführten Einzelbestimmungen sind folgenden Stoffgruppen zuzuordnen: Inhaltsstoffe, Energie und Futtermittel-Zusatzstoffe, unerwünschte, unzulässige und verbotene

Tab. 1-4 Anzahl der Einzelbestimmungen[1,2] sowie Beanstandungen in v. H. in den Jahren 2003, 2004, 2005 und 2006.

	Anzahl der Einzelbestimmungen				Beanstandungen in v. H.			
	2003	2004	2005	2006	2003	2004	2005	2006
Inhaltsstoffe (außer Wasser)[1]	34.288	23.837	20.616	18.992	6,1	5,4	5,8	4,8
Wasser	14.307	11.537	13.267	11.400	0,2	0,4	0,5	0,3
Energie	2.387	1.777	1.587	1.332	6,7	7,3	7,2	5,6
Futtermittel-Zusatzstoffe	20.895	13.533	13.858	13.468	11,1	13,6	13,7	11,8
Unzulässige Stoffe	20.854	35.890	34.521	41.349	1,4	0,9	0,7	0,6
davon verbotene Stoffe nach Artikel 7 der Verordnung (EG) Nr. 999/2001 und nach §18 Abs. 1 des LFGB	9.224	6.739	6.453	5.679	0,5	1,0	0,9	0,3
Unerwünschte Stoffe davon:	47.960	46.420	43.211	39.990	0,6	0,3	0,2	0,2
unerwünschte Stoffe mit festgesetzten Höchstgehalt	37.936	37.032	31.205	30.065	0,6	0,3	0,3	0,3
unerwünschte Stoffe ohne festgesetzten Höchstgehalt	10.024	9.388	12.006	9.925	0,3	0,3	0,1	0,1
Verbotene Stoffe (Anlage 6 FMV)	972	3.335	2.728	3.001	3,4	0,2	0,2	0,3
Kontrolle der Zusammensetzung von Futtermitteln	1.595	1.369	996	1.197	6,3	5,8	4,9	4,0
Untersuchungen auf mikrobiellen Verderb	2.932	3.072	2.818	2.680	7,1	5,9	5,4	6,0
sonstige Futtermittelkontrollen	914	1.419	1.462	2.411	5,8	1,7	3,1	3,3
Gesamt	**147.104**	**142.189**	**135.064**	**135.820**	**3,8**	**2,9**	**2,9**	**2,4**

[1] ohne Einzelbestimmungen auf Rückstände an Schädlingsbekämpfungsmittel gemäß Anlage 5a FMV und ohne Untersuchungen auf Salmonellen

[2] Mit der Verordnung 1831/2003/EG des Europäischen Parlaments und des Rates über Zusatzstoffe zur Verwendung in der Tierernährung vom 22. September 2003 wurden Aminosäuren, deren Salze und Analoge, sowie Harnstoff und seine Derivate ab 18. Oktober 2004 als eigene Kategorien von Futtermittelzusatzstoffen aufgenommen und somit aus dem Anwendungsbereich der Richtlinie 82/471/EWG des Rates vom 30. Juni 1982 über bestimmte Erzeugnisse in der Tierernährung übernommen. Da die Richtlinie 79/373/EWG über den Verkehr mit Mischfuttermitteln noch die Kennzeichnung der Aminosäuren als analytische Bestandteile (Inhaltsstoffe) vorschreibt, ist dies in der vorliegenden Statistik für 2005 noch nicht in den jeweiligen Tabellen berücksichtigt.

[3] in der vorliegenden Statistik noch einschließlich der Bestimmungen auf die Zusatzstoffe Aminosäuren und ihre Salze (1557 Bestimmungen, 169 Beanstandungen), sowie Harnstoff und seine Derivate (36 Bestimmungen, 1 Beanstandung)

Stoffe, Rückstände an Schädlingsbekämpfungsmitteln, mikrobiologische Untersuchungen, Zusammensetzung von Mischfuttermitteln und Kennzeichnung von Futtermitteln.

Die Kontrollen erfolgten stichprobenweise und regelmäßig (Planprobenahmen), bei Verdacht der Vorschriftswidrigkeit (Verdachtsprobenahmen), unter Wahrung eines angemessenen Verhältnisses zum angestrebten Ziel, in jedem Fall aber ziel- und risikoorientiert.

1.2

Umfang der Futtermittelkontrollen

Im Jahr 2006 wurden von den Kontrollbehörden der Länder in insgesamt 13.850 Futtermittelbetrieben (Abb. 1-1) 15.343 Betriebsprüfungen (Abb. 1-2) und 5.048 Buchprüfungen (Abb. 1-3)

durchgeführt. Im Vergleich zum Vorjahr entspricht dies einer Steigerung der Betriebsprüfungen um 3,0 v. H. und der Buchprüfungen um 92,8 v. H. Es wurden 17.432 Futtermittelproben gezogen und an diesen Proben wurden 135.820 Einzelbestimmungen auf verschiedene Parameter durchgeführt. Darüber hinaus wurden noch 40.298 Einzelbestimmungen auf Rückstände von Schädlingsbekämpfungsmittel durchgeführt.

5.246 Hersteller und Händler wurden von der Futtermittelüberwachung kontrolliert. Die Anzahl der durch die Futtermittelüberwachung kontrollierten Tierhalter betrug 8.409. Mit einem Anteil von 60,7 v. H. an den insgesamt durchgeführten Kontrollen wurden damit mehr als die Hälfte der Kontrollen bei Tierhaltern durchgeführt.

Im Jahr 2006 waren 829 Futtermittelbetriebe nach §28 der Futtermittelverordnung (FMV) anerkannt und 288.742 Futtermittelbetriebe waren nach §30 FMV registriert (Tab. 1-1).

1.3
Probenahmen

Im Vergleich zum Vorjahr wurden im Jahr 2006 wiederum weniger Probenahmen durchgeführt (Abb. 1-4, Tab. 1-3). Dieser Rückgang der Anzahl der Probenahmen gegenüber dem Vorjahr um 12,2 v. H. auf 17.432 Probenahmen darf allerdings nicht als Ausdruck für nachlassende Kontrolltätigkeit angesehen werden, sondern ist Ergebnis der den Kontrollen vorausgegangenen Risikoanalysen. Die Auswahl und Festlegung der Probenahmen erfolgt in den verschiedenen Stufen der Futtermittelkette nach einem offenen Kontrollansatz unter Berücksichtigung des sogenannten „Flaschenhalsprinzipes" und unter Berücksichtigung der eingesetzten Erzeugnisse

und der produzierten, transportierten, gelagerten und verfütterten Futtermittel sowie der in den vergangenen Jahren festgestellten Auffälligkeiten. Die Beanstandungsquote bei den untersuchten Proben ist im Vergleich zum Vorjahr um 1,7 Prozentpunkte auf 14,5 v. H. gesunken; trotzdem musste noch jede siebente Probe beanstandet werden.

Innerhalb der Position „Mischfuttermittel" war die Beanstandungsquote bei Mineralfuttermitteln gegenüber dem Vorjahr um 5,4 Prozentpunkte auf 29,8 v. H. gesunken und erreichte damit wieder in etwa das Niveau des Jahres 2004 (31,3 v. H.). Die relativ hohe Zahl der insgesamt beanstandeten Proben ist in erster Linie darauf zurückzuführen, dass an einer Probe in der Regel mehrere Einzelbestimmungen auf verschiedene Parameter durchgeführt werden (durchschnittlich 7,8 Einzelbestimmungen pro Probe im Jahr 2006). Insgesamt wurden 135.820 Einzelbestimmungen durchgeführt. Die Beanstandungsquote ist mit 2,4 v. H. gegenüber dem Jahr 2005 um 0,5 Prozentpunkte gesunken.

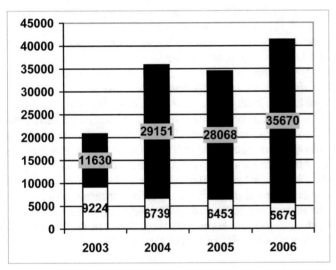

Abb. 1-5 Anzahl der Untersuchungen auf unzulässige Stoffe im Zeitraum 2003 bis 2006 (weiß = verbotene Stoffe nach Artikel 7 der Verordnung [EG] Nr. 999/2001 oder § 18 Abs. 1 des LFGB; schwarz = sonstige unzulässige Stoffe[1]).

[1] unzulässiges Vorhandensein nicht mehr zugelassener oder für die jeweilige Tierart nicht zugelassener Zusatzstoffe, sonstiger nicht zugelassener Stoffe (Verschleppung, illegaler Einsatz von Tierarzneimitteln), Überprüfung der Einhaltung vorgeschriebener Wartezeiten

1.4
Einzelbestimmungen auf Inhaltsstoffe und Energie

Der Gehalt an Inhaltsstoffen charakterisiert die Nährstoffzusammensetzung von Futtermitteln. Im Rahmen der amtlichen Futtermittelkontrolle werden in dieser Rubrik Rohprotein, Rohfett, Rohfaser, Rohasche und N-freie Extraktstoffe untersucht.

Mit Einführung des Koordinierten Kontrollprogramms im Jahre 2001 war es erklärtes Ziel, den überproportionalen Anteil der Untersuchungen auf Inhaltsstoffe und Energiebestimmungen deutlich abzusenken und dafür den Anteil der Untersuchungen auf unerwünschte, unzulässige und verbotene Stoffe zu erhöhen. Daher wurde die Anzahl der Bestimmungen auf Inhaltsstoffe von 34.288 im Jahr 2003 auf 18.992 im Jahr 2006 deutlich um ca. 45 v. H. reduziert (Tab. 1-4). Die Beanstandungsquote bei Inhaltsstoffen ist im Jahr 2006 im Vergleich zum Jahr 2005 um 1,0 Prozentpunkte gesunken und beträgt nunmehr 4,8 v. H.

Tab. 1-5 Qualitätskontrolle bei Futtermittel-Zusatzstoffen und auf Gehalt an Futtermittel-Zusatzstoffen in Vormischungen und Mischfuttermitteln und in der Tagesration sowie Beanstandungen in v. H. in den Jahren 2003, 2004, 2005 und 2006.

	Anzahl der Bestimmungen				Beanstandungen in v. H.			
	2003	2004	2005	2006	2003	2004	2005	2006
Vitamine	7.269	5.193	4.632	4.952	12,8	13,9	13,6	12,0
Spurenelemente	10.085	6.371	7.071	6.672	9,7	12,7	12,7	11,0
Leistungsförderer	794	325	323	–	10,6	14,5	20,7	–
Kokzidiostatika, Histomonostatika	1.028	617	519	698	12,5	20,9	21,0	8,5
andere Futtermittel-Zusatzstoffe, für die Höchstgehalte festgesetzt sind	1.633	957	1.118	44	11,3	14,1	12,2	13,5
Sonstige	86	67	195	202	4,7	7,5	29,7	17,8
Gesamt	**20.895**	**13.535**	**13.858**	**13.468**	**11,1**	**13,6**	**13,7**	**11,8**

Im Jahr 2006 wurden 1.332 Energiebestimmungen durchgeführt und damit 16,1 Prozentpunkte. weniger als im Jahr 2005. Die Beanstandungsquote für den Energiegehalt liegt mit 5,6 v. H. im Jahr 2006 um 1,6 Prozentpunkte unter der des Vorjahres.

1.5
Einzelbestimmungen auf Futtermittel-Zusatzstoffe

Futtermittel-Zusatzstoffe sind Stoffe, Mikroorganismen oder Zubereitungen, die keine Futtermittel-Ausgangserzeugnisse oder Vormischungen sind und denen bewusst Futtermittel oder Wasser zugesetzt werden, um bestimmte Wirkungen im Futtermittel oder im Tier zu erzielen. Zusatzstoffe müssen mindestens eine der folgenden Eigenschaften aufweisen:
- die Beschaffenheit des Futtermittels positiv beeinflussen (z. B. Konservierungsmittel, Antioxidantien, Säureregulatoren),
- die Beschaffenheit der tierischen Erzeugnisse positiv beeinflussen (z. B. Farbstoffe),
- die Farbe von Ziervögeln und -fischen positiv beeinflussen,
- den Ernährungsbedarf der Tiere decken (Vitamine, Spurenelemente, Aminosäuren),
- die ökologischen Folgen der Tierproduktion positiv beeinflussen (z. B. Benzoesäure),
- die Leistung oder das Wohlbefinden der Tiere positiv beeinflussen (z. B. organische Säuren, Enzyme, probiotische Antibiotika, Aromastoffe).

Der Dosierungsbereich für Futtermittel-Zusatzstoffe ist durch Mindest- und/oder Höchstgehalte eingegrenzt.

Im Jahr 2006 war die Anzahl der Einzelbestimmungen bei Futtermittel-Zusatzstoffen und auf den Gehalt an Futtermittel-Zusatzstoffen in Futtermitteln mit 13.468 etwa gleich hoch wie im Vorjahr. Die Beanstandungsquote reduzierte sich von 13,7 auf 11,8 v. H.

Die Beanstandungsquote bei Futtermittel-Zusatzstoffen insgesamt (Tab. 1-5) ist mit 11,8 v. H. um 1,9 Prozentpunkte niedriger als im Vorjahr.

1.6
Einzelbestimmungen auf unzulässige Stoffe

Die Kategorie „unzulässige Stoffe" schließt die Untersuchungen auf verbotene Stoffe (tierische Proteine und tierische Fette) nach Artikel 7 der Verordnung (EG) Nr. 999/2001 oder § 18 Abs. 1 des LFGB mit ein. Insgesamt konnte bei den unzulässigen Stoffen erneut ein Rückgang der Beanstandungsquote von 0,7 auf 0,6 v. H. verzeichnet werden.

Die in den Empfehlungen der Europäischen Kommission für das Koordinierte Kontrollprogramm der Gemeinschaft vom 2. März 2005 geforderte Anzahl von mindestens 20 Untersuchungen auf verarbeitete tierische Proteine und Fette (verbotene Stoffe nach Artikel 7 der Verordnung (EG) Nr. 999/2001 oder § 18 Abs. 1 des LFGB) je 100.000 t Mischfutter (entspräche ca. 4.000 Untersuchungen) wurde mit 5.679 Untersuchungen deutlich überschritten. Damit wurde der besonderen Relevanz dieser Untersuchungen in Bezug auf die Futtermittelsicherheit (insbesondere mit Bezug auf BSE) Rechnung getragen. Die Beanstandungsquote konnte im Vergleich zum Vorjahr um 0,6 Prozentpunkte auf 0,3 v. H. reduziert werden.

Tab. 1-6 Anzahl der Bestimmungen auf unerwünschte Stoffe (ohne Schädlingsbekämpfungsmittel nach Anlage 5a FMV) sowie Beanstandungen in v. H. in den Jahren 2003, 2004, 2005 und 2006.

	Anzahl der Bestimmungen				**Beanstandungen in v. H.**			
	2003	**2004**	**2005**	**2006**	**2003**	**2004**	**2005**	**2006**
unerwünschte Stoffe mit festgesetztem Höchstgehalt	37.936	37.032	31.205	30.065	0,6	0,3	0,3	0,3
darunter:								
Aflatoxin B_1	2.058	2.197	1.939	1.835	0,3	0,2	0,2	0,3
chlorierte Kohlen-Wasserstoffe[1]	21.661	19.803	14.316	13.856	0,06	0,2	0,1	0,1
Schwermetalle[2]	10.124	12.041	11.842	11.035	0,5	0,2	0,3	0,2
Dioxine	2.584	1.734	1.490	1.618	4,7	1,6	0,7	1,5
unerwünschte Stoffe ohne festgesetzten Höchstgehalt	10.024	9.388	12.006	9.925	0,3	0,3	0,1	0,1
darunter:								
PCB	2.254	2.536	4.135	2.046	0,2	0,5	0,0	0,0
Mykotoxine (außer Aflatoxin B_1)	5.084	5.650	5.647	5.188	0,5	0,1	0,0	0,1
gesamt	**47.960**	**46.420**	**43.211**	**39.990**	**0,6**	**0,3**	**0,2**	**0,2**

[1] Chlordan, DDT, Dieldrin, Endosulfan, Endrin, Heptachlor, Hexachlorbenzol, α- und β-HCH, Gamma-HCH (Lindan).
[2] Blei, Quecksilber, Arsen, Cadmium.

Unter „sonstige unzulässige Stoffe" sind nicht mehr zugelassene oder für die jeweilige Tierart nicht zugelassene Zusatzstoffe, sonstige nicht zugelassene Stoffe (Verschleppungen oder illegaler Einsatz von Arzneimitteln) sowie die Nichteinhaltung vorgeschriebener Wartezeiten zu verstehen. Diese Kontrollen waren ebenfalls Bestandteil der Empfehlung der Europäischen Kommission für das Koordinierte Kontrollprogramm der Gemeinschaft. Insgesamt wurden 35.670 Bestimmungen auf sonstige unzulässige Stoffe durchgeführt. Wie bereits im Vorjahr verringerte sich die Beanstandungsquote erneut und lag mit 0,6 v. H. im Jahr 2006 um 0,1 Prozentpunkte niedriger als im Vorjahr (Abb. 1-5).

1.7
Einzelbestimmungen auf unerwünschte Stoffe (einschließlich Schädlingsbekämpfungsmittel)

Unerwünschte Stoffe sind Stoffe, die in oder auf Futtermitteln enthalten sind und
- als Rückstände in von Nutztieren gewonnenen Lebensmitteln eine Gefahr für die menschliche Gesundheit darstellen,
- eine Gefahr für die tierische Gesundheit darstellen,

- vom Tier ausgeschieden werden und als solche eine Gefahr für den Naturhaushalt darstellen oder
- die Leistung von Nutztieren oder als Rückstände in von Nutztieren gewonnenen Lebensmitteln die Qualität dieser Lebensmittel nachteilig beeinflussen können.

Zur Gruppe der unerwünschten Stoffe gehören insbesondere Schwermetalle, chlorierte Kohlenwasserstoffe, Mykotoxine, Dioxine und PCB sowie giftige pflanzliche Samen.

Bei den Einzelbestimmungen auf unerwünschte Stoffe (Tab. 1-4) wurde die Vorgabe aus dem Nationalen Kontrollprogramm (28.365 Einzelbestimmungen für das Überwachungsjahr 2006) mit 39.990 Einzelbestimmungen erneut weit überschritten. Die Beanstandungsquote war mit 0,2 v. H. im Jahr 2006 genau so hoch wie im Vorjahr. Hierbei ist die Anzahl der Einzelbestimmungen auf Rückstände von Schädlingsbekämpfungsmitteln aus Gründen der besseren Vergleichbarkeit zu den Vorjahren nicht einbezogen. Diese sind in der Tab. 1-6 gesondert ausgewiesen.

Bei den unerwünschten Stoffen mit festgesetztem Höchstgehalt ist die Beanstandungsquote mit 0,3 v. H. ebenso niedrig wie im Vorjahr. Bei unerwünschten Stoffen, die häufig in Verbindung mit importierten Futtermitteln genannt werden (chlorierte Kohlenwasserstoffe, Aflatoxin B₁), wurden im Be-

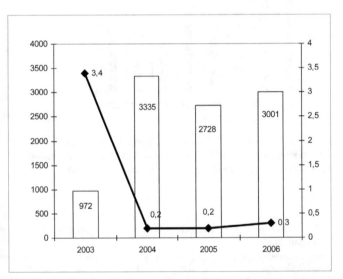

Abb. 1-6 Anzahl der Einzelbestimmungen auf verbotene Stoffe (weiße Säulen, Maßeinheiten auf der linken Ordinate) und Beanstandungen in v. H. (schwarze Linie, Maßeinheiten auf der rechten Ordinate) im Zeitraum 2003 bis 2006.

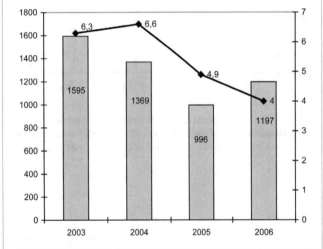

Abb. 1-7 Anzahl der Kontrollen der Zusammensetzung von Mischfuttermitteln (graue Säulen, Maßeinheiten auf der linken Ordinate) sowie die Beanstandungen in v. H. (schwarze Linie, Maßeinheiten auf der rechten Ordinate) im Zeitraum 2003 bis 2006.

Tab. 1-7 Anzahl der Bestimmungen auf Rückstände an Schädlingsbekämpfungsmitteln nach Anlage 5a FMV sowie Beanstandungen in v. H. in den Jahren 2003, 2004, 2005 und 2006.

	Anzahl der Bestimmungen				Anzahl der Beanstandungen			
	2003	**2004**	**2005**	**2006**	**2003**	**2004**	**2005**	**2006**
Schädlingsbekämpfungsmittel gemäß Anlage 5a FMV in unbearbeiteten Futtermitteln	23.322	22.823	19.696	23.184	1	13	5	3
Schädlingsbekämpfungsmittel gemäß Anlage 5a FMV in bearbeiteten Futtermitteln	32.091	15.467	17.096	17.114	0	1	16	1

richtsjahr 2006 wiederum nur geringfügige Beanstandungen festgestellt. Dieses Ergebnis ist bei der hohen Anzahl von Bestimmungen des Gehaltes an Aflatoxin B_1 (1.835 Analysen, 0,3 v. H. Beanstandungen) und chlorierten Kohlenwasserstoffen (13.856 Analysen, 0,1 v. H. Beanstandungen) beachtlich.

Wie bereits im Vorjahr war bei Schwermetallen im Jahr 2006 ebenfalls eine relativ geringe Beanstandungsquote (0,2 v. H.) zu verzeichnen.

Im Überwachungsjahr 2006 wurden insgesamt 9.925 Bestimmungen auf unerwünschte Stoffe ohne festgesetzten Höchstgehalt durchgeführt. Die Beanstandungsquote war mit 0,1 v. H. ebenso niedrig wie im Vorjahr (Tab. 1-6).

Insgesamt wurden 40.298 Einzelbestimmungen auf Rückstände an Schädlingsbekämpfungsmitteln durchgeführt. Bei dieser hohen Zahl ist zu berücksichtigen, dass die meisten Wirkstoffe in einem Analysengang nach der Methode der amtlichen Sammlung von Untersuchungsverfahren nach § 35 LMBG (Methode L 00.00-34: Modulare Multimethode zur Bestimmung von Pflanzenschutzmittelrückständen in Lebensmitteln) durchgeführt wurden. Bei unbearbeiteten Futtermitteln wurden 23.184 Einzelbestimmungen durchgeführt. Es wurden 3 Beanstandungen ausgesprochen. (Tab. 1-7).

Der Umfang der Bestimmungen von Rückständen an Schädlingsbekämpfungsmitteln in bearbeiteten Futtermit-

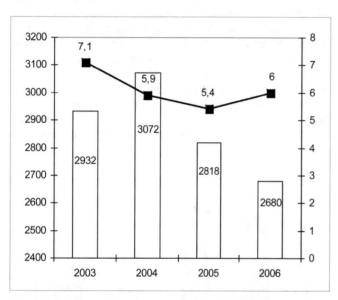

Abb. 1-8 Anzahl der Untersuchungen auf mikrobiellen Verderb (weiße Säulen, Maßeinheiten auf der linken Ordinate) sowie Beanstandungen in v. H (schwarze Linie, Maßeinheiten auf der rechten Ordinate) im Zeitraum von 2003 bis 2006.

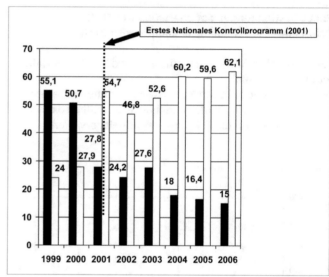

Abb. 1-10 Prozentualer Anteil der Einzelbestimmungen auf Inhaltsstoffe und Engergie (schwarze Säule) bzw. unerwünschte, unzulässige und verbotene Stoffe (weiße Säulen) in den Jahren 1999 bis 2006.

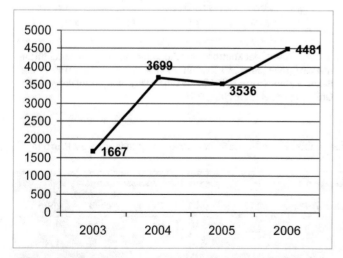

Abb. 1-9 Anzahl der formalen Kennzeichnungsverstöße im Zeitraum 2003 bis 2006.

Tab. 1-8 Maßnahmen bei Beanstandungen in den Jahren 2003, 2004, 2005 und 2006.

Maßnahmen	2003	2004	2005	2006
Hinweise (Belehrungen)	2.265	3.067	2.247	1.952
Verwarnungen	705	626	580	582
Bußgeldverfahren:				
eingeleitet	715	705	743	620
abgeschlossen	515	465	403	394
eingestellt	172	211	186	136
Strafverfahren:				
eingeleitet	5	9	2	10
abgeschlossen	1	6	2	1
eingestellt	2	1	3	4

teln belief sich auf 17.114. Es wurde lediglich 1 Beanstandung ausgesprochen. Insgesamt war damit bei Überschreitungen der Höchstmengen an Rückständen von Schädlingsbekämpfungsmitteln eine Beanstandungsquote von 0,01% zu verzeichnen.

1.8
Einzelbestimmungen auf verbotene Stoffe

Zu den verbotenen Stoffen gehören u. a. Kot, Urin oder Inhalt des Verdauungstraktes, gegerbte Häute, gebeiztes Saatgut, mit Holzschutzmitteln behandeltes Holz, Abfälle aus der Abwasserbehandlung, Siedlungs- oder Hausmüll und Verpackungsmaterialien.

Bei 3.001 durchgeführten Untersuchungen auf verbotene Stoffe nach Anlage 6 FMV im Jahr 2006 wurde eine im Vergleich zum Vorjahr fast gleich niedrige Beanstandungsquote von 0,3 v. H. erzielt (Abb. 1-6).

1.9
Zusammensetzung von Mischfuttermitteln

Die Kontrolle der Zusammensetzung erfolgt durch mikroskopische Untersuchungen. Hiermit wird vor allem die so genannte „offene Deklaration" kontrolliert. Insgesamt sind 1.197 dieser Bestimmungen durchgeführt worden. Die Beanstandungsquote ist erfreulicherweise um 0,9 Prozentpunkte gesunken und beträgt nunmehr 4,0 v. H. (Abb. 1-7).

1.10
Untersuchungen auf mikrobiellen Verderb

Der Umfang der mikrobiologischen Untersuchungen ist im Vergleich zum Vorjahr um 8,3 v. H. auf 2.680 gesunken. Die Beanstandungsquote ist dagegen um 0,6 Prozentpunkte gegenüber dem Vorjahr gestiegen und beträgt nunmehr 6,0 v. H. (Abb. 1-8).

1.11
Formale Kennzeichnungsverstöße

Es wurden 4.481 Verstöße gegen formale Kennzeichnungsvorschriften verzeichnet. Das sind ca. 26 Prozentpunkte mehr als im Vorjahr. Die Interpretation dieser Zahl ist wegen des großen Ermessensrahmens der Überwachungsbehörden auf diesem Gebiet allerdings schwierig (Abb. 1-9).

1.12
Maßnahmen bei Beanstandungen

Die Maßnahmen bei Beanstandungen waren fallbezogen unterschiedlich. Insgesamt wurden 1.952 Hinweise und Belehrungen erteilt und 582 Verwarnungen ausgesprochen; außerdem wurden 620 Bußgeldverfahren und 10 Strafverfahren eingeleitet (Tab. 1-8).

1.13
Zusammenfassung

Mit der Einführung des „Nationalen Kontrollprogramms Futtermittelsicherheit" im Jahr 2001 war es erklärtes Ziel des Bundes und der Länder, den bis dahin überproportionalen Anteil der Kontrollen auf Inhaltsstoffe und Energiebestimmungen abzusenken und die Kontrollen auf unerwünschte, unzulässige und verbotene Stoffe im Sinne des Schutzes der Gesundheit von Mensch und Tier sowie des Naturhaushaltes deutlich zu verstärken. Dies ist auch 2006 wieder erreicht worden (Abb. 1-10). Der prozentuale Anteil der Kontrollen auf Inhaltsstoffe und Energie an den insgesamt durchgeführten Einzelbestimmungen betrug im Jahr 2006 15,0 v. H., während 62,1 v. H. der Kontrollen auf unerwünschte, unzulässige und verbotene Stoffe durchgeführt wurden.

Erfreulich sind in diesem Zusammenhang auch im vergangenen Jahr wieder die relativ niedrigen Beanstandungsquoten bei kritischen Parametern wie bei unerwünschten Stoffen (0,2 v. H.), verbotenen Stoffen (0,3 v. H.) und unzulässigen Stoffen (0,6 v. H.).

Insgesamt lag die Beanstandungsquote mit 2,4 v. H. bei den 135.820 im Jahr 2006 durchgeführten Einzelbestimmungen (ohne Schädlingsbekämpfungsmittel) um 0,5 Prozentpunkte niedriger als im Vorjahr.

2 Nationaler Rückstandskontrollplan für Lebensmittel tierischen Ursprungs[1)]

2.1
Ziele, rechtliche Grundlagen und Organisation

2.1.1 Programm und Ziele

Der Nationale Rückstandskontrollplan (NRKP) ist ein Programm zur Überwachung von Lebensmitteln tierischer Herkunft hinsichtlich des Vorhandenseins von Rückständen gesundheitlich unerwünschter Stoffe. Er umfasst verschiedene Produktionsstufen, von den Tierbeständen bis hin zu Betrieben, die Roherzeugnisse erzeugen oder verarbeiten.

Den NRKP gibt es seit 1989. Die Programm-Planung und -Durchführung erfolgt in der Europäischen Union nach einheitlich festgelegten Maßstäben. Der NRKP wird jährlich neu erstellt. Er enthält für jedes Land konkrete Vorgaben über die Anzahl der zu untersuchenden Tiere oder tierischen Erzeugnisse, die zu untersuchenden Stoffe, die anzuwendende Methodik und die Probenahme. Die Probenahme erfolgt zielorientiert, d.h. unter Berücksichtigung von Kenntnissen über örtliche oder regionale Gegebenheiten oder von Hinweisen auf unzulässige oder vorschriftswidrige Tierbehandlungen. Die Untersuchungen dienen somit der gezielten Überwachung des rechtskonformen Einsatzes von pharmakologisch wirksamen Stoffen, der Kontrolle der Einhaltung des Anwendungsverbotes bestimmter Stoffe und der Sammlung von Erkenntnissen über die Belastung mit Umweltkontaminanten.

Die Proben werden an der Basis der Lebensmittelkette entnommen. Das sichert die Rückverfolgbarkeit zum Ursprungsbetrieb, so dass der Erzeuger direkt für die Qualität und Unschädlichkeit seiner Produkte verantwortlich gemacht werden kann. Durch die zielorientierte Probenauswahl ist mit einer größeren Anzahl an „positiven Rückstandsbefunden" zu rechnen, als dies bei einer Probenahme nach dem Zufallsprinzip der Fall wäre. Der NRKP ist somit nicht auf die Erzielung statistisch repräsentativer Daten ausgerichtet. Aus den Daten können auch keine allgemeingültigen Schlussfolgerungen über die tatsächliche Belastung tierischer Erzeugnisse mit unerwünschten Stoffen gezogen werden.

2.1.2 Rechtliche Grundlagen

Die Grundlage für den NRKP sind auf Ebene der Europäischen Gemeinschaft die folgenden Rechtsvorschriften:

- Richtlinie 96/23/EG über Kontrollmaßnahmen hinsichtlich bestimmter Stoffe und ihrer Rückstände in lebenden Tieren und tierischen Erzeugnissen und zur Aufhebung der Richtlinien 85/358/EWG und 86/469/EWG und der Entscheidungen 89/187/EWG und 91/664/EWG (ABl. L 125 vom 23.5.1996, S. 10),
- 97/747/EG: Entscheidung der Kommission vom 27. Oktober 1997 über Umfang und Häufigkeit der in der Richtlinie 96/23/EG des Rates vorgesehenen Probenahmen zum Zweck der Untersuchung in Bezug auf bestimmte Stoffe und ihre Rückstände in bestimmten tierischen Erzeugnissen (ABl. L 303 vom 06.11.1997, S. 12–15),
- 98/179/EG: Entscheidung der Kommission vom 23. Februar 1998 mit Durchführungsvorschriften für die amtlichen Probenahmen zur Kontrolle von lebenden Tieren und tierischen Erzeugnissen auf bestimmte Stoffe und ihre Rückstände (ABl. L 65 vom 5.3.1998, S. 31),
- Richtlinie 96/22/EG des Rates vom 29. April 1996 über das Verbot der Verwendung bestimmter Stoffe mit hormonaler bzw. thyreostatischer Wirkung und von β-Agonisten in der tierischen Erzeugung und zur Aufhebung der Richtlinien 81/602/EWG, 88/146/EWG und 88/299/EWG (ABl. L 125 vom 23.5.1996, S. 3),
- Verordnung (EWG) Nr. 2377/90 des Rates vom 26. Juni 1990 zur Schaffung eines Gemeinschaftsverfahrens für die Festsetzung von Höchstmengen für Tierarzneimittelrückstände in Nahrungsmitteln tierischen Ursprungs (ABl. L 224 vom 18.8.1990, S. 1),
- 2002/657/EG: Entscheidung der Kommission vom 12. August 2002 zur Umsetzung der Richtlinie 96/23/EG des Rates betreffend die Durchführung von Analysemethoden und die Auswertung von Ergebnissen (ABl. L 221 vom 17.8.2002, S. 8).

Der NRKP ist national im Lebensmittel- und Futtermittelgesetzbuch, in der Verordnung zur Durchführung von Vorschriften des gemeinschaftlichen Lebensmittelhygienerechts, der Lebensmitteleinfuhr-Verordnung und in verschiedenen arzneimittelrechtlichen und tierarzneimittelrechtlichen Vorschriften verankert. Im Zuge der Anpassung von nationalem Recht an EU-Recht wird es im Jahr 2007 Änderungen bei einigen nationalen Rechtsvorschriften geben.

---

[1] Stand: 15.10.2007

2.1.3 Organisation

Der NRKP wird von den Ländern gemeinsam mit dem Bundesamt für Verbraucherschutz und Lebensmittelsicherheit (BVL) als koordinierende Stelle durchgeführt.

Das BVL ist im Rahmen des NRKP mit folgenden Aufgaben betraut: (a) Erstellung des Nationalen Rückstandskontrollplanes, (b) Sammlung und Auswertung der Daten über die Untersuchungsergebnisse der Länder, (c) Zusammenfassung der Daten, (d) Weitergabe der Daten an die Europäische Kommission, (e) Veröffentlichung der Daten sowie (f) Funktion als Nationales Referenzlabor.

In der Zuständigkeit der Länder liegen folgende Aufgaben: (a) Festlegung der konkreten Vorgaben (z. B. Verteilung der Probenzahlen auf die einzelnen Regionen), (b) Probenahme, (c) Analyse der Proben, (d) Erfassung der Daten sowie (e) Übermittlung der Daten an das BVL. Der NRKP wird von den Ländern als eigenständige gesetzliche Aufgabe im Rahmen der amtlichen Lebensmittel- und Veterinärüberwachung durchgeführt. Grundlage für die Festlegung der Probenkontingente für die einzelnen Länder sind die jährlichen Schlacht- und Produktionszahlen und die Größe der Tierbestände. Die weitere Verteilung der Proben legen die Länder in Eigenverantwortung fest.

2.1.4 Untersuchungen

2.1.4.1 Einleitung

Der NRKP umfasst alle der Lebensmittelgewinnung dienenden, lebenden und geschlachteten Tierarten sowie Primärerzeugnisse vom Tier wie Milch, Eier und Honig. Von 1989–1994 enthielt der NRKP Vorgaben für die Überwachung von Rindern, Schweinen, Schafen und Pferden. 1995 wurde zusätzlich auch Geflügel aufgenommen. Seit 1998 werden Fische aus Aquakulturen und ab 1999 auch Kaninchen, Wild, Eier, Milch und Honig nach den EU-weit geltenden Vorschriften kontrolliert.

Der NRKP gibt jährlich ein bestimmtes Spektrum an Stoffen vor, auf das die entnommenen Proben mindestens zu untersuchen sind (Pflichtstoffe). Darüber hinaus können bei einer definierten Anzahl von Tieren und Erzeugnissen die Stoffe nach aktuellen Erfordernissen und entsprechend den speziellen Gegebenheiten in den Ländern frei ausgewählt werden (Tab. 2-1).

Tab. 2-1 Stoffgruppen, bei Schlachttieren und Primärerzeugnissen gemäß Anhang II der Richtlinie 96/23/EG und zusätzlich zur Richtlinie in 2006 zu untersuchende Stoffgruppen (#).

Tierart, Tierische Erzeugnisse / Stoffgruppe	Rinder, Schafe, Ziegen, Pferde, Schweine	Geflügel	Tiere der Aquakultur	Milch	Eier	Kaninchen- und Zuchtwildfleisch, Wild	Honig
Stilbene, Stilbenderivate, ihre Salze und Ester	X	X	X			X	
Thyreostatika	X	X				X	
Steroide	X	X	X			X	
Resorcylsäure-Lactone	X	X				X	
ß-Agonisten	X	X				X	
Stoffe des Anh. IV der VO (EG) Nr. 2377/90	X	X	X	X	X	X	#
Antibiotika einschl. Sulfonamide u. Chinolone	X	X	X	X	X	X	X
Anthelmintika	X	X	X	X		x	
Kokzidiostatika einschl. Nitroimidazole	X	X			X	X	
Carbamate und Pyrethroide	X	X				X	X
Beruhigungsmittel	X						
Nicht steroidale entzündungshemmende Mittel	X	X		X		X	
Sonstige Stoffe mit pharmakologischer Wirkung	#						#
Organische Chlorverbindungen einschl. PCB	X	X	X	X	X	X (#)	X
Organische Phosphorverbindungen	X			X			X
Chemische Elemente	X	X	X	X	#	X	X
Mykotoxine	X	X	X	X			
Farbstoffe			x				
Sonstige						X (#)	

Gruppe A – Stoffe mit anaboler Wirkung und nicht zugelassene Stoffe

Bei den Stoffen der Gruppe A handelt es sich zum größten Teil um hormonell wirksame Stoffe. Diese können physiologisch im Körper gebildet oder synthetisch hergestellt werden. Die Anwendung dieser Stoffe ist bei Lebensmittel liefernden Tieren weitestgehend verboten.

A 1 Stilbene, Stilbenderivate, ihre Salze und Ester

In dieser Gruppe sind synthetische nichtsteroidale Wirkstoffe mit estrogener Wirkung zusammengefasst. Sie fördern die Proteinsynthese und damit den Muskelaufbau, was sie für den Einsatz als Masthilfsmittel interessant macht. Verboten wurden sie, weil sie im Verdacht stehen, Tumore auszulösen und Diethylstilbestrol (DES) zusätzlich genotoxische Eigenschaften aufweist. Viele Stilbene/Stilbenderivate werden nicht in der Leber verstoffwechselt und damit nach oraler Aufnahme nicht inaktiviert.

A 2 Thyreostatika

Hierunter versteht man Stoffe, welche die Synthese von Schilddrüsenhormonen hemmen. Infolge von biochemischen Reaktionen kommt es dabei zu einer Herabsetzung des Grundumsatzes und damit bei gleicher oder geringer Nährstoffzufuhr zu einer Vermehrung der Körpermasse. Dieser Körpermassezuwachs resultiert hauptsächlich aus einer erhöhten Wassereinlagerung in die Muskulatur. Thyreostatika können beim Menschen z. B. Knochenmarksschäden (Leukopenie, Thrombopenie) hervorrufen; sie wirken karzinogen und stehen in Verdacht auch teratogen zu wirken. In der EU ist die Anwendung von Thyreostatika in der Tierproduktion seit 1981 verboten.

A 3 Steroide

Zur Stoffklasse der Steroide gehört eine Vielzahl von Verbindungen, die auf dem Grundgerüst des Sterans aufgebaut sind und daher zwar ähnliche chemische Eigenschaften aufweisen, jedoch biologisch unterschiedlich wirken. Das chemische Grundgerüst der Steroide besteht aus kondensierten, gesättigten Kohlenwasserstoffringen mit mindestens 17 Kohlenstoffatomen, wobei einzelne Kohlenstoffatome an der Bildung mehrerer Ringe beteiligt sind. Steroidhormone leiten sich vom Cholesterol ab. Durch verschiedene Umbauprozesse entstehen zunächst die Gestagene, aus diesen die Androgene und Estrogene.

Einige Stoffe dieser Gruppe wurden in der Vergangenheit als Masthilfsmittel missbraucht. Infolge dessen dürfen in der EU keine östrogen, gestagen oder androgen wirksamen Stoffe mehr an Masttiere verabreicht werden. Ihr Einsatz beschränkt sich im Wesentlichen auf die Therapie von Fruchtbarkeitsstörungen, auf die Brunstsynchronisation bzw. Induzierung der Laichreife, Verbesserung der Fruchtbarkeit und auf Trächtigkeitsabbrüche bei nicht zu Mastzwecken gehaltenen Tieren.

Im Rahmen der Rückstandsuntersuchung sind vier Stoffuntergruppen bei den Steroidhormonen bedeutsam:

– Synthetische Androgene (z. B. Trenbolon, Nortestosteron, Stanozolol, Boldenon)

Androgene sind C-19-Steroide. Sie sind verantwortlich für die Ausbildung der primären und sekundären männlichen Geschlechtsmerkmale. Weiterhin bewirken sie die Steigerung der Eiweißbildung (anaboler Effekt) und die Abnahme des Lipid- und Wassergehaltes. Synthetische Androgene werden zur Steigerung der Mastleistung (schnellere Gewichtszunahme, bessere Futterverwertung) verwendet. Bedeutsame Vertreter der Gruppe der synthetischen Androgene sind 19-Nortestosteron und Trenbolon. Nortestosteron ist ein vermehrt anabol wirkender Stoff mit verminderter androgener Wirkung. Trenbolon ist ein hoch wirksames Steriod (8- bis 10-mal stärkere Wirksamkeit als Testosteron), das nicht selten auch als Dopingmittel illegal eingesetzt wird. Beim Menschen kann eine übermäßige Zufuhr von Androgenen Fruchtbarkeitsstörungen und Lebererkrankungen induzieren, das Wachstum von Jugendlichen infolge einer beschleunigten Knochenreifung hemmen sowie eine Vermännlichung bei Frauen (zunehmende Behaarung, Vertiefung der Stimme, männliche Körperproportionen) hervorrufen.

– Synthetische Estrogene (Follikelhormone, z. B. Ethinylestradiol)

Diese Steriodhormone fördern das Zellwachstum (Proliferation) der weiblichen Geschlechtsorgane (Gebärmutter, Gebärmutterschleimhaut, Scheide, Eileiter und Brustdrüsen). Weiterhin fördern sie die Durchblutung und die Zelldurchlässigkeit, das Wachstum und die Proteinsynthese. Aufgrund der anabolen (Muskel aufbauenden) Wirkung wurden synthetische Estrogene in der Tiermast eingesetzt. Durch die proliferative Wirkung besteht die Gefahr eines Karzinoms der Gebärmutterschleimhaut.

– Natürliche Steroide (Estradiol, Testosteron)

Estradiol ist ein natürliches Estrogen, Testosteron das wichtigste natürliche Androgen. Sie zeigen die bereits beschriebenen Wirkungen. Estradiol darf bei Lebensmittel liefernden Tieren nur zur Behandlung von Fruchtbarkeitsstörungen und für zootechnische Zwecke, beispielsweise zur Brunstsynchronisation angewandt werden.

– Gestagene

Gestagene sind Schwangerschaft erhaltende Hormone. Progesteron als physiologisches Gestagen bewirkt unter anderem die Vorbereitung der Gebärmutterschleimhaut für die Einlagerung der Eizelle, fördert das Wachstum der Gebärmuttermuskulatur und stellt diese ruhig. Synthetische Gestagene werden in der Landwirtschaft häufig zur Brunstsynchronisation (Zyklusblockade) eingesetzt. Durch Gestagene kommt es infolge eines vermehrten Appetits und einer verminderten Aktivität zu Gewichtszunahmen. Unerwünschte Wirkungen können z. B. in Form von Lebererkrankungen, krankhaften Veränderungen der Gebärmutterschleimhaut oder Venenerkrankungen auftreten.

A 4 Resorcylsäure-Lactone

Hierbei handelt es sich um Pflanzenestrogene. Zum Beispiel ist Zeranol (α-Zearalanol) eine xenobiotische (durch Pflanzen synthestisierte) Substanz mit estrogenen und anabolen Eigenschaften. Auf Grund der anabolen und estrogenen Wirkung wurde Zeranol in der Tiermast zur Wachstumsförderung eingesetzt. Die Anwendung ist in der Europäischen Union seit 1985 verboten. Zeranolrückstände können auch nach Aufnahme von mykotoxinkontaminiertem Futter zu finden sein. Dies ist bei der Analytik von Zeranol zu beachten. Um eine illegale Anwendung von einer Mykotoxinkontamination unterscheiden zu können, muss auf alle strukturverwandten Stoffwechselprodukte untersucht werden. Die einzuleitenden Folgemaßnahmen richten sich dann nach der ermittelten Ursache für die Belastung.

A 5 β-Agonisten (Sympathomimetika)

β-Agonisten sind Wirkstoffe, die an die β-Rezeptoren der Katecholamine Adrenalin und Noradrenalin angreifen. Zudem wirken sie fettspaltend und hemmen den Eiweißabbau. Clenbuterol ist der bekannteste Vertreter der β-Agonisten. Es wurde ursprünglich als Asthmatikum entwickelt, in der Veterinärmedizin wird es als wehenhemmendes Mittel eingesetzt. Aufgrund der fettverbrennenden und muskelaufbauenden Wirkung wurde es missbräuchlich für Mastzwecke in der Landwirtschaft verwendet. Clenbuterol kann beim Menschen zu Herzrasen (Tachykardie), Muskelzittern, Kopf- und Muskelschmerzen führen. Bei Lebensmittel liefernden Tieren ist der Einsatz von Clenbuterol bis auf wenige Ausnahmen und der aller anderen Stoffe aus dieser Gruppe grundsätzlich verboten.

A 6 Stoffe des Anhang IV der Verordnung (EG) Nr. 2377/90

Anhang IV enthält die Stoffe, für die keine Höchstmengen für Rückstände pharmakologisch wirksamer Stoffe in tierischen Lebensmitteln festgesetzt werden können, da diese Rückstände in jedweder Konzentration eine Gefahr für die Gesundheit des Verbrauchers darstellen können.

– Amphenicole

Der wichtigste Vertreter ist Chloramphenicol (CAP), ein Breitbandantibiotikum. Chloramphenicol wurde in der EU im Jahr 1994 für die Anwendung bei Tieren, die der Lebensmittelgewinnung dienen, verboten. Das Verbot basiert auf der Beurteilung des Commitee for Veterinary Medicinal Products (CVMP), wonach festgestellt wurde, dass für CAP kein ADI (Acceptable Daily Intake) ableitbar ist, da kein Schwellenwert für die Auslösung der aplastischen Anämie beim Menschen bekannt ist. Zum Zeitpunkt der Beurteilung lagen zudem positive Genotoxizitätstests vor und weitere Toxizitätsstudien waren unvollständig. Die Aufnahme in Anhang IV der Verordnung 2377/90/EWG hat wegen des Wortlautes von Artikel 5 dieser Verordnung zur Folge, dass CAP-Rückstände unabhängig von ihren Gehalten als eine Gefahr für die Gesundheit des Verbrauchers angesehen werden müssen. Über den tatsächlichen Umfang des Verbraucherrisikos ist damit jedoch nichts ausgesagt. Bei der Anwendung von Chloramphenicol können, wenn auch in sehr seltenen Fällen, neben der aplastischen Anämie auch Schädigungen des Knochenmarks oder starke örtliche Irritationen der Injektionsstelle auftreten. Daher wird Chloramphenicol in der Humanmedizin nur noch als Reserveantibiotikum verwendet. Hauptbehandlungsgebiete sind schwere, sonst nicht zu beherrschende Infektionskrankheiten wie beispielsweise Typhus, Ruhr und Malaria.

– Nitroimidazole

Nitroimidazole sind Antibiotika, die bakterizid gegen fast alle anaeroben Bakterien und viele Protozoen wirken. Der wichtigste Vertreter ist Metronidazol. Metronidazol besitzt, wie in Langzeitstudien in Ratten und Mäusen ermittelt, fortpflanzungstoxische Eigenschaften. Weiterhin hat Metronidazol genotoxische und krebserregende Eigenschaften. Bisher fehlen Daten über Abbauvorgänge im Organismus. Daher wurde 1998 die Anwendung von Metronidazol bei Tieren verboten, die der Erzeugung von Lebensmitteln dienen. Vor dem Anwendungsverbot war Metronidazol ein probates Mittel zur Behandlung der Dysenterie, einer bakteriellen Darmkrankheit bei Schweinen. Das Auftreten von Dysenterie bei Schweinen kann daher ein Beweggrund sein, diesen Stoff trotz des Verbotes einzusetzen. Ein solcher Einsatz kann zu Rückständen in Lebensmitteln führen. Metronidazol wird nach der Anwendung im Organismus teilweise enzymatisch zum Hydroxymetronidazol umgewandelt. Die Analytik im Rahmen des NRKP beschäftigt sich daher mit dem Nachweis sowohl der Ausgangssubstanz als auch des Hydroxymetronidazols.

– Nitrofurane

Nitrofurane sind breitwirkende Chemotherapeutika, die gegen viele Bakterien, z.T. auch gegen Kokzidien, Hefearten und Trichomonaden wirken. Sie werden durch Abspaltung ihrer Nitrogruppe in den Bakterien zu reaktiven Produkten, die Chromosomenbrüche in den Bakterien auslösen. Sie schädigen auch den Stoffwechselzyklus der Erreger. Die bei der Umwandlung im Säugetierorganismus entstehenden reaktiven Metabolite sowie die Veränderungen im Stoffwechsel wirken mutagen und möglicherweise karzinogen, weshalb Nitrofurane in der EU bei Lebensmittel liefernden Tieren nicht mehr angewandt werden dürfen. In der Veterinärmedizin finden u.a. Furazolidon, Furaltadon, Nitrofurantoin und Nitrofurazon Verwendung. Im Tierkörper sind häufig nur noch deren Metaboliten 3-amino-2-oxazolidinon (AOZ), 5-methylmor-pholino-3-amino-2-oxazolidinon (AMOZ), 1-aminohydantoin (AHD) und Semicarbazid (SEM) nachzuweisen. Daher wird im Rahmen des NRKPs bevorzugt auf diese Stoffe untersucht.

Gruppe B – Tierarzneimittel und Kontaminanten

Der Einsatz von Tierarzneimitteln ist rechtlich zulässig, sofern Höchstmengen (MRL = „Maximum Residue Limit") festgelegt wurden und die Tierarzneimittel zugelassen sind. MRLs sind in der Verordnung (EWG) Nr. 2377/90 geregelt. Um ein Gesundheitsrisiko für den Verbraucher zu vermeiden, sind nach der Anwendung gewebe- und tierartspezifische Wartezeiten einzuhalten, bevor ein Tier geschlachtet oder tierische Erzeugnisse verwendet werden dürfen. Bei sachgerechter Anwendung ist davon auszugehen, dass nach Ablauf der Wartezeit keine Höchstmengenüberschreitungen mehr festgestellt werden.

B 1 Stoffe mit antibakterieller Wirkung, einschließlich Sulfonamide und Chinolone

– Sulfonamide

Mit der Entdeckung der Wirksamkeit der Sulfonamide begann 1935 die Ära der antibakteriellen Chemotherapie. Inzwischen wurden mehr als 50.000 Sulfonamide hergestellt und untersucht, etwa dreißig werden als Arzneimittel eingesetzt. Sulfonamide sind Amide aromatischer Sulfonsäuren. Auf Grund struktureller Ähnlichkeit mit der mikrobiellen para-Aminobenzoesäure verdrängen sie diese aus dem Stoffwechsel und stören so die Folsäuresynthese empfindlicher Organismen. Da in Säugetierzellen keine Folsäure synthetisiert wird, sind Sulfonamide für Menschen und Tiere relativ gut verträglich. Sulfonamide sind gegen ein breites Spektrum von Bakterien und Protozoen wirksam. Allerdings haben inzwischen zahlreiche Erreger Resistenzen entwickelt. Durch Kombination mit Trimethoprim und anderen Diaminopyrimidinen kann die Wirksamkeit der Sulfonamide potenziert werden. Die Sulfonamide werden heute meist in dieser potenzierten Form verwendet. Sulfonamide gehören zu den häufig eingesetzten Tierarzneimitteln. Nach Behandlung der Tiere verteilen sie sich sehr gut im gesamten Organismus und gelangen dabei auch in Milch und Eier. Bei Einhaltung der gesetzlich vorgeschriebenen Wartezeiten ist eine Gefährdung des Verbrauchers ausgeschlossen. Neben diesem direkten Eintrag in die Nahrungskette kann es in Ausnahmefällen zu einer indirekten Belastung von Tieren kommen. Sulfonamide persistieren lange in der Umwelt und können daher unter ungünstigen Umständen auch nach Abschluss einer Behandlung von Tieren ungewollt aufgenommen werden.

– Tetracycline

Hierbei handelt es sich um Antibiotika, die von *Streptomyces*-Arten produziert werden. Vertreter dieser Gruppe sind Oxytetracyclin, Chlortetracyclin und Tetracyclin. Tetracycline hemmen die bakterielle Proteinsynthese an den Ribosomen und damit das Bakterienwachstum.

Gegenüber Tetracyclinen wurden bereits vielfach Resistenzen beobachtet.

Doxycyclin gehört zur neueren Generation der Tetracycline. Sie besitzen ein breiteres Wirkspektrum.

– Chinolone

Chinolone erreichen ihre bakterizide Wirkung durch Hemmung des Enzyms DNA-Gyrase, welches die Bakterien benötigen, um bei der Zellteilung einen geschnittenen DNA-Strang wieder zusammenzufügen. Sie wirken gegen ein breites Erregerspektrum und sind die meist eingesetzte Gruppe der synthetischen Therapeutika. Häufig werden Chinolone dann eingesetzt, wenn mikrobielle Resistenzen gegenüber anderen Mitteln vorliegen. Chinolone können bei einem noch nicht ausgewachsenen Skelett Knorpelschäden hervorrufen.

Zu den Chinolonen zählen beispielsweise Marbofloxacin und Enrofloxacin.

– Makrolide

Sie erzielen ihre bakteriostatische Wirkung über die Hemmung des Enzyms Translokase, wodurch die Proteinsynthese gehemmt wird. Makrolide wirken vor allem gegen gram-positive Erreger. Als erster Vertreter der Makrolid-Antibiotika wurde Erythromycin aus *Streptomyces erythreus* isoliert. Da sie nur ein spezifisches Enzym hemmen, bilden sich gegen Makrolide schnell Resistenzen aus.

– Aminoglycoside

Antibiotika aus der Gruppe der Aminoglycoside sind basische und stark polare Stoffe. Wie bereits der Name „Aminoglycoside" sagt, sind es zuckerartige Moleküle mit mehreren Aminogruppen. Wichtige Vertreter dieser Arzneimittelgruppe sind Streptomycin, eines der ersten therapeutisch verwendeten Antibiotika, Dihydrostreptomycin sowie Gentamicin, Neomycin und Kanamycin. Die Aminoglycosid-Antibiotika wirken bakteriostatisch über die Hemmung der Proteinsynthese an den Ribosomen der Erreger. Aminoglycoside werden in der Tiermedizin bei den Lebensmittel liefernden Tieren Rind und Schwein unter anderem bei Infektionen des Atmungstraktes, des Verdauungstraktes, der Harnwege, der Geschlechtsorgane und bei Septikämie („Blutvergiftung") eingesetzt. Angewendet werden sie meist als Injektionslösung, aber auch oral verwendbare Präparate sind verfügbar, die jedoch nur in geringem Maße resorbiert werden. Aminoglycoside wirken vor allem gegen gram-negative Bakterien, aber auch gegen einige grampositive Keime wie Staphylokokken. Ausgeschieden werden Aminoglycoside vor allem über die Niere. Dort sind sie nach einer Anwendung auch am längsten nachweisbar. Positive Befunde (Höchstmengenüberschreitungen) werden daher meist in der Niere festgestellt. Nur bei sehr hohen Aminoglycosidgehalten in der Niere sind auch noch im Muskelgewebe Mengen oberhalb der zulässigen Toleranzen zu erwarten. Angesichts nur weniger positiver Befunde, meist nur in der selten verzehrten Niere, ist das Risiko für den Verbraucher eher gering. Nicht eingehaltene Wartezeiten für Niere gelten als häufigste Ursache positiver Befunde. Gelegentlich wird auch vermutet, dass durch die Erkrankung des behandelten Tieres Antibiotika langsamer ausgeschieden werden und es damit zu erhöhten Rückständen kommt.

– β-Laktam-Antibiotika

Hierbei handelt es sich um eine Antibiotikagruppe mit einem β-Laktam-Ring. Der bekannteste Vertreter dieser Gruppe ist Penicillin, eines der ältesten Antibiotika. Penicillin wurde bereits 1929 aus Kulturen des Schimmelpilzes *Penicillium notatum* extrahiert. Heute werden Penicilline halbsynthetisch hergestellt. Mit Einfügen einer Aminogruppe am Benzylrest wurde das Wirkspektrum der Penicilline erweitert. Vertreter dieser neueren Aminopenicilline sind Ampicillin und Amoxicillin. Penicilline wirken bakterizid, indem sie die Zellwandsynthese der Bakterien bei der Zellteilung hemmen. Inzwischen existieren viele Allergien gegen Penicillin und verwandte Stoffe, die von leichten Hautreaktionen bis zum anaphylaktischen Schock reichen können.

– Cephalosporine

Cephalosporine sind Breitband-Antibiotika, die – wie auch die Penicilline – zur Gruppe der β-Lactam-Antibiotika gehören. Sie wirken bakterizid, in dem sie die Zellwandsynthese sich teilender Bakterien stören. Cephalosporine wirken in unterschiedlichen Maß nierenschädigend. Natürlicherweise kommen Cephalosporine im Schimmelpilz *Cephalosporium acremonium* vor. Cephalosporine werden halbsynthetisch gewonnen. Zu dieser Gruppe gehören beispielsweise Cefalexin und Cefaperazon.

– Diamino-Pyrimidin-Derivate

Diamino-Pyrimidin-Derivate wirken durch Hemmung der bakteriellen Folsäure-Synthese bakteriostatisch. In Kombination mit Sulfonamiden potenziert sich die Wirkung und die Kombinationspräparate wirken bakterizid. Ein bekannter Vertreter der Diamino-Pyrimidin-Derivate ist beispielsweise Trimethoprim.

– Polymyxine

Polymyxine, wie beispielsweise Colistin und Polymyxin B, gehören zur Gruppe der Polypeptid-Antibiotika. Sie stören die Zellwandpermeabilität der Bakterien und wirken dadurch bakterizid. Nach parenteraler Applikation besitzen die Polymyxine ein hohes neuro- und nephrotoxisches Potential.

– Lincosamide

Lincosamide gehören zu den Aminoglycosid-Antibiotika. Sie wirken vorwiegend bakteriostatisch und nur in hohen Konzentrationen gegenüber empfindlichen Erregern bakterizid durch Hemmung der Proteinsynthese. Ein Vertreter dieser Gruppe ist Lincomycin.

– Pleuromutiline

Hierbei handelt es sich um halbsynthetische Antibiotika mit bakteriostatischer Wirkung durch Hemmung der Proteinsynthese. Zu dieser Gruppe zählt beispielsweise das nur in der Veterinärmedizin angewendete Tiamulin.

B 2 Sonstige Tierarzneimittel

a) Anthelmintika

Anthelminthika sind Medikamente zur Bekämpfung von Wurminfektionen. Sie greifen in den Stoffwechsel von Würmern (Nematoden/Fadenwürmer, Zestoden/Bandwürmer, Trematoden/Saugwürmer) ein oder beeinflussen deren neuromuskuläre Übertragungsmechanismen, sodass die gelähmten Darmparasiten mit der Peristaltik ausgeschieden werden. Das Wirkspektrum (Entwicklungsstadien und adulte Formen der verschiedenste Helminthen) ist je nach verwendetem Mittel unterschiedlich. Bekannte Wirkstoffgruppen mit einem breiten Wirkspektrum bei gleichzeitiger guter Verträglichkeit für das Wirtstier sind Avermectine und Benzimidazole. Avermectine sind Fermentationsprodukte des in Japan als natürlicher Bodenorganismus vorkommenden Strahlenpilzes *Streptomyces avermitilis*. Ein großer Teil der Avermectine wie Ivermectin oder Doramectin werden teilsyntetisch hergestellt.

Zu den Benzimidazolen zählen beispielsweise Thiabendazol, Mebendazol oder Fenbendazol.

b) Kokzidiostatika einschl. Nitroimidazole

Kokzidien sind Einzeller, die vor allem das Darmepithel, aber auch Leber und Niere befallen, wodurch die Aufnahme von Nährstoffen und das Wachstum verhindert wird. Die Infektionen verlaufen oft tödlich und können sich rasch ausbreiten. In der Geflügelhaltung stellt die Kokzidiose eine der häufigsten Erkrankungen dar. Kokzidiostatika werden meist zur Prophylaxe bzw. Metaphylaxe über das Futter verabreicht. Sie hemmen die endogene Entwicklung von Kokzidien in den Zellen. Wichtige Vertreter sind beispielsweise Nicarbazin, Lasalocid und Monensin. Nicarbazin blockiert den Entwicklungszyklus der Parasiten durch Hemmung der Folsäuresynthese. Auch wird eine direkte Schädigung der Reproduktionsorgane beobachtet. Lasalocid und Monensin stören den Ionenaustausch in den Zellen. Als Folge tritt Wasser ein, wodurch die Zellen zerstört werden.

Nitroimidazole sind bakterizid wirkende Antibiotika, die gegen die meisten anaeroben Bakterien und viele Protozoen wirken. Sie besitzen wie die Nitrofurane eine Nitrogruppe im Molekühl. Diese wird von den Bakterien abgespalten, wodurch reaktive Produkte entstehen, die die Bakterien schädigen. Vergleichbar den Nitrofuranen entstehen reaktive Stoffwechselprodukte im Säugetierorganismus, wodurch sie im Verdacht stehen, mutagene bzw. kanzerogene Wirkungen zu besitzen.

c) Carbamate und Pyrethroide

Carbamate sind Ester der Carbaminsäure. Sie haben zum einen eine indirekte parasympathomimetische, zum anderen eine insektizide und askarizide Wirkung. Dementsprechend werden Carbamate als Therapeutika, z. B. bei Darm- und Blasenatonie oder sehr häufig auch als Schädlingsbekämpfungsmittel gegen Ektoparasiten eingesetzt.

Pyrethroide sind Insektizide, die ursprünglich dem Gift der Chrysantheme, dem Pyrethrum, sehr ähnlich waren. Ihre chemische Struktur wurde im Laufe der Jahre erheblich verändert. Pyrethroide sind schnell wirksame Kontaktgifte gegen Insekten und besitzen ebenfalls eine askarizide Wirkung. Das zu dieser Gruppe gehörende Permethrin ist das meistverwendete Insektizid überhaupt.

d) Beruhigungsmittel

Beruhigungsmittel (Sedativa) sind zentralwirksame Arzneimittel, die sensorische, vegetative und motorische Nervenzentren dämpfen. Sie werden beispielsweise in der Anästhesiologie zur Beruhigung eingesetzt oder auch bei Angstzuständen, wie sie bei Versagen von lebenswichtigen Funktionen, z. B. der Atmung auftreten. Ein Vertreter dieser Gruppe ist Azaperon.

e) Nicht steroidale entzündungshemmende Mittel

Die Wirkung dieser entzündungshemmenden (antiinflammatorischen) Mittel beruht auf der Hemmung des Enzyms Cyclooxygenase. Dadurch ist die Bildung von Prostaglandinen gestört, die als Entzündungsmediatoren fungieren. Daneben wirken die Mittel schmerzstillend. Anwendungsgebiete dieser Wirkstoffgruppe, zu der beispielsweise Phenylbutazon, Vedaprofen oder Flunixin zählen, sind vor allem akute entzündliche Erkrankungen des Bewegungsapparates und Gewebsverletzungen, auch als Folge von Operationen.

f) Sonstige Stoffe mit pharmakologischer Wirkung
Dieser Gruppe sind die synthetischen Kortikosteroide zugeordnet. Ein bekannter Vertreter ist das Dexamethason. Dexamethason ist ein synthetisches Glucocorticoid, welches sich von dem natürlich vorkommenden Hydrocortison ableitet. Natürliche Glucocorticoide sind Hormone der Nebennierenrinde. Sie regulieren den Kohlenhydrat-, Fett- und Eiweißstoffwechsel sowie den Wasser- und Elektrolythaushalt. Weiterhin wirken sie auf das Herz-Kreislauf- und das zentrale Nervensystem und besitzen eine Entzündung hemmende Wirkung. Die Verabreichung von Dexamethason an Lebensmittel liefernde Tiere ist zu therapeutischen Zwecken erlaubt, z. B. zur Behandlung von entzündlichen und den Stoffwechsel betreffenden Krankheiten. Aufgrund seiner Wachstum fördernden Wirkung wird Dexamethason häufig illegal in der Tiermast eingesetzt, z. B. bei Mastkälbern durch Zugabe in den Milchersatz oder Injektion. Dexamethason bewirkt eine Erhöhung des Wasseranteils im Fleisch und ein damit verbundenes höheres Gewicht. Weiterhin wirkt es appetitfördernd. Dexamethason wird weiterhin gern illegal in Kombination mit β-Agonisten (z. B. Clenbuterol) eingesetzt, da es deren wachstumsfördernde Wirkung in synergistischer Weise unterstützt.

Als weitere synthetische Glucocorticoide dieser Gruppe sind Prednisolon, Methylprednisolon und Betamethason zu nennen.

B 3 Andere Stoffe und Kontaminanten

a) Organische Chlorverbindungen einschl. PCB
In dieser Gruppe sind unter anderem Stoffe wie Dioxine oder chlorierte Kohlenwasserstoffe wie beispielsweise PCB, DDT, HCH, Lindan, Endosulfan und Pentachlorphenol zusammengefasst.

Als Dioxine bezeichnet man im allgemeinen Sprachgebrauch eine Gruppe von chlorierten organischen Verbindungen, deren Grundstruktur aus Benzolringen mit zwei oder mehr Sauerstoffatomen besteht. Dioxine entstehen als unerwünschte Nebenprodukte in Verbrennungsprozessen, bei denen Spuren von Chlor und Brom vorhanden sind, weiterhin bei verschiedenen industriellen Prozessen, wie z. B. der Chlorbleichung in der Papierindustrie, bei der Herstellung bestimmter chlorierter Kohlenwasserstoffe (PCP, PCB) oder bei der Produktion von Pflanzenschutzmitteln. Traurige Berühmtheit erlangte das 2,3,6,7-Tetrachlor-benzodioxin im Jahr 1976 als Seveso-Gift. Dioxine wirken immuntoxisch, teratogen und kanzerogen. Sie rufen Leber- und Hautschädigungen (Chlorakne, Hyperkeratose) hervor. Dioxine persistieren lange in der Umwelt. Sie reichern sich besonders in Böden, aber auch in Gewässern und Pflanzen an und gelangen so in die Nahrungskette von Mensch und Tier. Aufgrund ihrer Fettlöslichkeit lagern sich Dioxine vor allem im Fettgewebe ab.

Polychlorierte Biphenyle (PCB) fanden weltweit eine breite Anwendung, z. B. in Transformatoren und Kondensatoren, in Hydraulikflüssigkeiten und als Weichmacher in Lacken, Kunststoffen und zum Imprägnieren von Verpackungsmaterial. Seit 1989 gibt es ein vollständiges Verkehrs- und Anwendungsverbot. PCB wirken immunsuppressiv, fetotoxisch und rufen Schädigungen der Leber und des peripheren Nervensystems hervor.

Die Insektizide DDT und Lindan weisen ebenfalls eine lange Persistenz in der Umwelt auf und können sich über den beschriebenen Eintragsweg im tierischen Gewebe anreichern.

Beide stehen im Verdacht kanzerogen auf den Menschen zu wirken. DDT, das über Jahrzehnte weltweit meistverwendete Insektizid, hat vermutlich auch genotoxische Eigenschaften. Seit dem Jahre 2004 sind Herstellung und Verwendung von DDT weltweit nur noch zur Bekämpfung von krankheitsübertragenden Insekten, insbesondere der Malariaüberträger, zulässig. Die Verwendung von Lindan ist ebenfalls strikt reglementiert.

Pentachlorphenol ist ein Fungizid, das vor seinem Verbot in Deutschland vor allem als Holzschutzmittel verwendet wurde. Neben kanzerogenen Eigenschaften werden mutagene und teratogene Eigenschaften vermutet.

b) Organische Phosphorverbindungen
Organische Phosphorverbindungen sind Ester der Phosphorsäure, Phosphonsäure oder Dithiophosphorsäure. Organische Phosphorsäureester sind vorwiegend als Pflanzenschutz- und Schädlingsbekämpfungsmittel (Pestizide) in der Anwendung. Expositionen treten hauptsächlich bei den Pestizidherstellern und bei den Anwendern der Pestizide in der Landwirtschaft, Forstwirtschaft, Schädlingsbekämpfung sowie im Gartenbau auf. Organophosphate werden auch als chemische Kampfstoffe (Soman, Sarin, Tabun, VX) eingesetzt. Die Symptome sind vielfältig. Dosis- und stoffabhängig können beispielsweise Übelkeit, Erbrechen, Diarrhöen, Kopfschmerzen und Schwindelgefühl, Muskelkrämpfe, Lähmungen, Herzrhythmusstörungen und Atem- und Kreislaufdepression auftreten.

c) Chemische Elemente
Schwermetalle, wie Blei, Cadmium und Quecksilber, können aus der Umwelt in die Lebensmittel gelangen.

Cadmium (griechisch: cadmeia = Zinkerz) wurde 1817 von Stromeyer im Zinkoxid entdeckt. Als natürlicher Bestandteil der Erdkruste kommt Cadmium in geringen Konzentrationen in Böden vor. Metallisches Cadmium wird zur Herstellung von Korrosionsschutz für Eisen und andere Metalle verwendet. Cadmiumverbindungen werden als Stabilisierungsmittel für Kunststoffe und als Pigmente eingesetzt. Nach Anwendungsbeschränkungen für die genannten Verwendungszwecke wird Cadmium heute überwiegend in der Batterieherstellung verwendet. Die ubiquitäre Verteilung von Cadmium in der Umwelt ist eine Folge der Emission aus Industrieanlagen, insbesondere Zinkhütten, Eisen- und Stahlwerken, aber auch aus Müllverbrennungsanlagen und Braunkohlekraftwerken. Cadmium wird von Pflanzen über die Wurzeln aus dem Boden aufgenommen und gelangt über die Nahrungskette in den menschlichen und tierischen Organismus. Dort reichert es sich wegen der langen Halbwertszeit besonders stark in Rinder- und Schweinenieren sowie in der Muskulatur von großen Raubfischen (z. B. Butterfisch, Hai oder Schwertfisch) an. Je älter die Tiere sind, um so stärker ist deren potentielle diesbezügliche Belastung. Bei andauernder Cadmium-Belastung kann es zu Nierenschäden und in besonderen Fällen zu Knochenveränderungen (Itai-Itai-Krankheit) kommen. Cadmium und seine Verbindungen sind als Krebs erzeugend klassifiziert.

Blei und seine Verbindungen gehören zu den starken Umweltgiften. Es wird vermutet, dass das meiste Blei in Kläranlagen aus Abschwemmungen von Straßen und Dächern stammt. Blei akkumuliert wie andere Schwermetalle in Klärschlämmen, Sedimenten, aber auch in Lebewesen und wird so zum Umweltrisiko. Überschreitungen des Grenzwertes von Blei in Trinkwasser können in Altbauten auftreten, in denen das Trinkwasser noch durch Blei-Rohre geleitet wird. Blei wird u. a. zur Herstellung von Autobatterien und von Kabelhüllen gebraucht. Es kann bei sehr hohen Belastungen das Nervensystem und die Blutbildung beeinträchtigen. Früher wurden Bleiverbindungen auch als Zusatz im Benzin benötigt (zur Erhöhung der Klopffestigkeit), wo es über die Abgase an die Luft abgegeben wurde.

Quecksilber ist ein bei Zimmertemperatur flüssiges Metall. Es findet u. a. Verwendung in Thermometern, Batterien, Schaltern, Leuchtstofflampen und in der Zahnmedizin zur Herstellung von Amalgam. Früher wurden Quecksilber-organische Verbindungen aufgrund der fungiziden Wirkung zum Beizen von Saatgut verwendet. Quecksilber gelangt vor allem durch Industrieemissionen in die Umwelt (z. B. durch Verbrennung von Kohle, Heizöl und Müll, Verhüttung sowie industrieller Verbrauch). In verunreinigten Gewässern können die anorganischen Quecksilber-Verbindungen durch Mikroorganismen methyliert werden, so dass fettlösliches Methyl-Quecksilber gebildet wird. Diese Organoquecksilber-Verbindungen werden dann von Schalen- und Krustentieren, sowie Fischen aufgenommen und im Organismus angereichert. Besonders betroffen sind fettreiche und ältere Raubfische, die am Ende der Nahrungskette stehen. Chronische Quecksilbervergiftungen können zu Nierenschäden, Ataxien, Lähmungen bis hin zum Tode führen.

d) Mykotoxine

Mykotoxine (Schimmelpilzgifte) sind Stoffwechselprodukte verschiedener Pilze, die bei Menschen und Tieren bereits in geringsten Mengen zu Vergiftungen führen können. Die Belastung des Menschen geht hauptsächlich auf kontaminierte Lebensmittel zurück. Alle verschimmelten Nahrungsmittel können Mykotoxine enthalten. Die Kontamination kann primär bereits auf dem Feld (z. B. Mutterkorn auf Roggen, Weizen, Gerste) oder sekundär durch Schimmelbildung auf lagernden Lebensmitteln erfolgen (z. B. *Aspergillus* spp.). Nutztiere können ebenfalls verschimmelte Futtermittel aufnehmen. Die enthaltenen Mykotoxine können in verschiedenen Organen abgelagert oder ausgeschieden werden. Auf diese Weise können Lebensmittel tierischer Herkunft (Fleisch, Eier, Milch, Milchprodukte) Mykotoxine enthalten, ohne dass das Produkt selbst verschimmelt ist. Mykotoxine sind weitgehend hitzestabil und werden daher auch bei Verarbeitungsschritten in der Regel nicht zerstört. Am häufigsten belastet mit Fusarientoxinen, also DON und ZEA, sind Zerealien (hier insbesondere Mais und Weizen). Ochratoxin A (das häufigste und wichtigste der Ochratoxine) kommt vor allem in Getreide, Hülsenfrüchten, Kaffee, Bier, Traubensaft, Rosinen und Wein, Kakaoprodukten, Nüssen und Gewürzen vor. Die Wirkung der Mykotoxine kann, abhängig von der Toxinart, akut und chronisch toxisch sein. Eine akute Vergiftung bei Mensch und Tieren äußert sich z. B.

durch Schädigung des zentralen Nervensystems, durch Schäden an Leber, Nieren, Haut- und Schleimhaut sowie Beeinträchtigung des Immunsystems. Toxinmengen, die keine akuten Krankheitssymptome auslösen, können karzinogen und teratogen wirken sowie Erbschäden hervorrufen.

e) Farbstoffe

Malachitgrün [4,4'-Bis(dimethylamino)trityliumchlorid] ist ein blaugrüner Triphenylmethan-Farbstoff, der erstmals 1877 hergestellt wurde. Weitere Bezeichnungen sind Basic Green, Diamantgrün und Viktoriagrün. Seit 1936 wird Malachitgrün in der Aquakultur weltweit als Tierarzneimittel zur Vorbeugung und Bekämpfung von Parasiten (Pilze, Bakterie und tierische Einzeller) eingesetzt. Malachitgrün wird vom Fisch rasch aus dem Wasser aufgenommen und überwiegend zum farblosen Leukomalachitgrün reduziert, das sich im Fischgewebe anreichert. Abhängig von Dosierung, Verdünnung durch das Wachstum der Fische und deren Fettgehalt ist Leukomalachitgrün im Fischgewebe bis zu einem Jahr und länger nachweisbar. Malachitgrün und Leukomalachitgrün stehen im Verdacht, eine erbgutverändernde und fruchtschädigende Wirkung zu haben sowie möglicherweise auch krebserregend zu sein. Malachitgrün ist daher in der EU als Wirkstoff für Tierarzneimittel nicht zugelassen. Aufgrund der geringen Kosten, der leichten Verfügbarkeit und hohen Wirksamkeit sowie des Fehlens geeigneter Ersatzstoffe wird Malachitgrün trotz des Verbots weiterhin angewendet. Neben den positiven Befunden bei Forellen im Rahmen des NRKP häufen sich in den letzten Jahren im EU-Schnellwarnsystem Meldungen aus andern Mitgliedstaaten und Drittländern über den Nachweis von Malachitgrün und Leukomalachitgrün, insbesondere bei Aal und Pangasius. Zur Gruppe der Triphenylmethanfarbstoffe zählen ebenfalls Kristallviolett und Brilliantgrün. Sie sind gegen Pilze und Parasiten wirksam, aber ebenfalls nicht als Wirkstoff für Tierarzneimittel in der EU zugelassen.

f) Sonstige

Nikotin ist das Hauptalkaloid der Tabakpflanze, das aber auch in geringen Gehalten in Nachtschattengewächsen wie Kartoffeln, Tomaten und Auberginen oder in anderen Pflanzen wie Blumenkohl vorkommt. Nikotin kann ebenso synthetisch hergestellt werden. Dieses so genannte Rohnikotin wurde als Schädlingsbekämpfungsmittel in Landwirtschaft und Gartenbau sowie als Desinfektionsmittel eingesetzt. Seit dem Inkrafttreten der Verordnung 2032/2003 sind nikotinhaltige Desinfektionsmittel nicht verkehrsfähig.

Nikotin wird nach oraler, inhalativer oder perkutaner Aufnahme in den Körper in allen Geweben verteilt. Einer der wichtigsten Metaboliten dieses intensiven Stoffwechsels ist Cotinin.

Nikotin ist ein starkes Gift. Es hemmt die nervale Erregungsübertragung und kann durch Lähmung der Lunge zum Ersticken führen. Geringere Dosen bewirken Blutgefäßverengungen und daraus resultierenden Bluthochdruck, die Gefahr von Thrombosen und Schlaganfällen steigt.

2.1.4.3 Untersuchungshäufigkeit

Die o. g. europäischen und nationalen Rechtsvorschriften legen eine Untersuchungshäufigkeit bezogen auf die Schlachtzahlen bzw. die Jahresproduktion des Vorjahres fest. Daraus ergibt sich folgende jährliche Untersuchungshäufigkeit:

- jedes 250ste geschlachtete Rind,
- jedes 2.000ste geschlachtete Schwein und Schaf,
- nach Erfordernis Pferde,
- von Geflügel – eine Probe je 200 Tonnen Jahresproduktion,
- von Aquakulturen – eine Probe je 100 Tonnen Jahresproduktion,
- bei Kaninchen und Honig – eine Probe je 30 Tonnen Schlachtgewicht bzw. Jahreserzeugung für die ersten 3.000 Tonnen und darüber hinaus eine Probe je weitere 300 Tonnen,
- von Wild und Zuchtwild jeweils mindestens 100 Proben,
- von Milch eine Probe je 15.000 Tonnen,
- bei Eiern eine Probe je 1.000 Tonnen Jahresproduktion.

Nach der Verordnung zur Durchführung von Vorschriften des gemeinschaftlichen Lebensmittelhygienerechts sind mindestens 2% aller gewerblich geschlachteten Kälber und 0,5% aller sonstigen gewerblich geschlachteten Tiere auf Rückstände zu untersuchen. Die Vorgaben des NRKPs werden angerechnet.

2.1.4.4 Matrizes

Die Rückstandsuntersuchungen werden in den verschiedensten tierischen Geweben bzw. in den Primärerzeugnissen vorgenommen. Als Matrix kommen in Frage:

Urin	Muskel (auch Injektionsstelle)	Futtermittel
Kot	Fett	Tränkwasser
Blut	Haut mit Fett	Milch
Galle	Augen	Honig
Leber	Haare	Eier
Niere	Federn	

Für die zu untersuchenden Stoffe sind verschiedene Matrizes im Rückstandskontrollplan festgelegt. Es werden die Matrizes ausgewählt, in denen sich der fragliche Stoff am stärksten anreichert, in denen er lange nachweisbar und stabil ist. Für die Matrizes, für die Höchstmengen festgelegt wurden, werden diese verwendet. Außerdem müssen die Matrizes erreichbar sein. Zum Beispiel kommen beim lebenden Tier nur wenige Matrizes in Frage.

2.1.4.5 Probennahme

Für die Entnahme der Proben sind matrixspezifische Probenmengen festgelegt. Es wird eine Probe entnommen, die in A- und B-Probe geteilt und getrennt verpackt wird. Die A-Probe dient der sofortigen Aufarbeitung und Analyse im Labor, die B-Probe als Laborsicherungsprobe zur Bestätigung eines positiven Rückstandsbefundes in der A-Probe. Bei der Verpackung, dem Transport und der Aufbewahrung der Proben sind einige Grundsätze zu beachten: Die Probenverpackung muss so beschaffen sein, dass ein Zersetzten, Auslaufen oder Verschmutzen (Kreuzkontamination) der Probe verhindert wird. Blutproben sind zur Plasmagewinnung sofort mit einem Antikoagulanz (z. B. Heparin) zu versetzen.

Jede Probe ist sofort nach Entnahme so zu kennzeichnen, dass ihre zweifelsfreie Identität gesichert ist. Die Zusammengehörigkeit von Teilproben eines Probensatzes oder von Unterproben (Probe A und B) muss gewährleistet sein. A- bzw. B-Proben sind als solche zu kennzeichnen. Die Probenbehältnisse sind amtlich zu versiegeln.

Die Proben sind – mit Ausnahme von Haaren, Honig und Futtermitteln – sofort auf 2 bis 7 °C zu kühlen. Nach erfolgter Vorkühlung sind sie, in geeigneten Transportbehältern verpackt, bei 2 bis 7 °C möglichst direkt ohne Zwischenlagerung zur Untersuchungseinrichtung zu transportieren.

Die Proben sind spätestens 36 Stunden, die Blutproben sofort, nach der Entnahme an die Untersuchungseinrichtung zu übergeben. Proben, die nicht innerhalb von 36 Stunden an die Untersuchungseinrichtung übergeben werden können, sind sofort auf –15 bis –30 °C tiefzugefrieren. Auf dem Transport muss die Einhaltung der Gefriertemperatur gewährleistet sein.

Blutproben sind auf keinen Fall tiefzugefrieren. Bei diesen besteht die Möglichkeit, das Plasma zu gewinnen und dieses dann tiefzugefrieren. Proben, mit denen ein biologischer Hemmstofftest durchgeführt wird, dürfen ebenfalls nicht tiefgefroren werden, sondern sind sofort gekühlt dem Untersuchungsamt zuzuleiten. Die Übersendung tiefgefrorener Proben an die Untersuchungseinrichtung sollte spätestens nach einer Woche erfolgen.

Alle Proben werden durch ein Probenahmeprotokoll für das Labor begleitet. Falls das eingesandte Probenmaterial für die Untersuchung nicht geeignet sein sollte (Beschädigung der Probengefäße, Kontamination, Verderbnis, zu geringe Menge, falsche oder fehlerhafte Matrizes u. Ä.) muss die Probe erneut angefordert werden. Die nicht sofort für die Untersuchung benötigten B-Proben (Laborsicherungsproben) sind im Labor einzulagern. Je nach Untersuchungsmaterial erfolgt die Lagerung meist tiefgefroren bei –20 bis –30 °C. Honig und Trocken-Futtermittel werden ungekühlt und Haare gekühlt bei 2 bis 7 °C gelagert. Die Lagerdauer liegt i. d. R. bei 4 bis 6 Monaten.

2.1.4.6 Analytik

In der Rückstandsanalytik werden verschiedenen Methoden angewandt. Dabei ist zwischen Screening- und Bestätigungsmethoden zu unterscheiden.

Screeningmethoden werden i. d. R. zum qualitativen Nachweis eines Stoffes eingesetzt. Sie weisen das Vorhandensein eines Stoffes oder einer Stoffklasse in interessierenden Konzentrationen nach. Falsch negative Ergebnisse sollten vermieden werden. Screeningmethoden ermöglichen einen hohen Probendurchsatz und werden eingesetzt, um große Probenzahlen möglichst kostengünstig auf mögliche positive Ergebnisse zu prüfen.

Unter Bestätigungsmethoden versteht man Methoden, die geeignet sind, einen in der Probe vorhandenen Stoff eindeutig zu identifizieren und falls erforderlich seine Konzentration zu quantifizieren. Falsch positive Ergebnisse sollten ausgeschlossen sein, falsch negative Ergebnisse sollten vermieden werden.

Die angewendeten Bestätigungs- und Screeningmethoden müssen für Gruppe A-Stoffe und ab September 2007 auch für Gruppe B-Stoffe den Vorgaben der Entscheidung 2002/657/EG entsprechen. Übergangsweise gelten für Gruppe B-Stoffe wei-

Tab. 2-2 Anzahl der Proben untersuchter Tiere und tierischer Erzeugnisse.

Rind	Schwein	Schaf	Pferd	Geflügel	Aquakulturen	Kaninchen	Wild	Milch	Eier	Honig
14.794	22.368	499	141	5.525	537	11	222	1.691	622	155
Zusätzlich mittels Hemmstofftest untersuchte Proben:										
19.625	224.379	3.975	55	9	44	33	5	–	–	–

terhin die Vorgaben der Entscheidung 93/256/EWG. Die zu verwendenden Screening- und Bestätigungsmethoden sind für die jeweiligen Stoffe und Matrizes im Rückstandskontrollplan enthalten.

Häufig eingesetzte Bestätigungsmethoden, die auch als Screeningmethoden genutzt werden können, sind GC-MS und LC-MS. Unter GC/MS versteht man die Kopplung eines Gas-Chromatographiegerätes (GC) mit einem Massenspektrometer (MS). Dabei dienen das GC zur Auftrennung des zu untersuchenden Stoffgemisches und das MS zur Identifizierung und gegebenenfalls auch Quantifizierung der einzelnen Komponenten. Im GC wird die in Lösungsmittel gelöste Probe verdampft und mittels eines Trägergases durch eine Trennsäule geleitet, die eine stationäre Phase enthält. Die Trennung der Stoffe erfolgt durch Wechselwirkungen der zu analysierenden Analyten mit der stationären Phase. Da die einzelnen Stoffe unterschiedlich stark an der stationären Phase gebunden und wieder abgelöst werden, verlassen sie die Trennsäule zu unterschiedlichen Zeiten (Retentionszeiten). Im MS wird die Häufigkeit bestimmt, mit der einzelne Ionen auftreten. Durch die Messung erhält man ein Ionenmuster. Dieses Muster erlaubt sowohl eine Identifizierung der Stoffe als auch eine quantitative Bestimmung. Das LC-MS bedient sich eines ähnlichen Prinzips. Die Auftrennung erfolgt mittels Flüssigchromatographie (LC), die Identifizierung und Quantifizierung wiederum mittels MS. Bei der LC fungiert eine Flüssigkeit als mobile Phase, als stationäre Phase dient ein Feststoff oder eine Flüssigkeit. Die flüssige Probe wandert an der stationären Phase entlang. Die Trennung erfolgt wiederum durch Wechselwirkungen der zu analysierenden Analyten mit der stationären Phase. Mit dem MS erfolgt die Identifizierung und quantitative Bestimmung. In den letzten fünf Jahren wurden die einfachen MS-Detektoren durch MS/MS-Detektoren ersetzt. Diese verfügen über eine wesentlich bessere Spezifität und Sensitivität.

Eine häufig angewandte Screeningmethode ist der so genannte „Dreiplattentest". Er dient dem Nachweis von Hemmstoffen (der Ausdruck bezieht sich auf das Wachstum des Testkeims), insbesondere von Antibiotika und Chemotherapeutika. Als Testkeim wird *Bacillus subtilis* verwendet. Seine Sporen sind in ein Testsystem/Nährmedium eingebracht. Wird eine Probe auf dieses Testsystem gelegt, die beispielsweise antibiotisch wirksame Stoffe enthält, so diffundieren diese in das Nährmedium. Dadurch wird der Testkeim in der Umgebung der Probe in seinem Wachstum behindert, es entsteht eine Hemmzone.

Eine weitere gängige Screeningmethode ist der ELISA (Enzyme Linked Immunosorbent Assay). Das Grundprinzip beruht auf einer enzymmarkierten und -katalysierten Antigen-Antikörper-Reaktion, die gemessen wird. Je nach Form des ELISA ist die zu analysierende Substanz ein Antigen oder ein Antikörper.

2.1.5 Maßnahmen für Tiere oder Erzeugnisse, bei denen Rückstände festgestellt wurden

Als positiver Rückstandsbefund gilt bei zugelassenen Stoffen und Kontaminanten ein mit einer Bestätigungsmethode abgesicherter quantitativer Befund, bei dem eine Überschreitung von festgelegten Höchstmengen vorliegt. Bei verbotenen und nicht zugelassenen Stoffen ist ein Befund als positiv zu bewerten, wenn er qualitativ und quantitativ mit einer Bestätigungsmethode abgesichert wurde. Derartige Lebensmittel werden beanstandet und dürfen nicht in den Verkehr gebracht werden.

Die für die Lebensmittel- bzw. Veterinärüberwachung zuständigen Behörden der Länder leiten verschiedene, im Folgenden aufgeführte Maßnahmen zum Schutz der Verbraucher und zur Ursachenfindung ein: (a) Tierkörper und Nebenprodukte werden als untauglich für den menschlichen Verzehr beurteilt. (b) Durch die zuständige Überwachungsbehörde erfolgen Vor-Ort-Überprüfungen im Herkunftsbetrieb, um die Ursachen der Rückstandsbelastung festzustellen. Diese Kontrollen beinhalten die Überprüfung von Aufzeichnungen und ggf. zusätzliche Probenahmen. Es kann weiterhin eine verstärkte Kontrolle und Probenahme im Herkunftsbetrieb für einen längeren Zeitraum angeordnet werden. (c) Bei einem begründeten Verdacht auf Vorliegen eines positiven Rückstandsbefundes kann die Abgabe oder Beförderung zur Schlachtung versagt werden. Ebenso ist ein Versagen der Schlachterlaubnis möglich. (d) Für Tiere, bei denen Rückstände von verbotenen bzw. nicht zugelassenen Stoffen nachgewiesen wurden, kann die Tötung angeordnet werden. (e) Gegen den Verantwortlichen des Herkunftsbetriebes kann Strafanzeige gestellt werden. (f) Auffällige Betriebe unterstehen der verstärkten Kontrolle.

2.2
Überblick über die Rückstandsuntersuchungen im Jahr 2006

Im Jahr 2006 wurden 386.107 Untersuchungen an 46.565 Tieren oder tierischen Erzeugnissen durchgeführt. Insgesamt wurde auf 664 Stoffe geprüft, wobei jede Probe auf bestimmte Stoffe dieser Stoffpalette untersucht wird. Zu den genannten Untersuchungs- bzw. Probenzahlen kommen Proben von fast 250.000 Tieren hinzu, die mittels einer Screeningmethode, dem so genannten Dreiplattentest, auf Hemmstoffe untersucht wurden. Tab. 2-2 stellt die Probenzahlen je Tierart dar.

Tab. 2-3 Höchstmengenüberschreitungen bei Rindern in einzelnen Stoffgruppen.

Stoffgruppe	Kalb			Mastrind			Kuh		
	Anzahl		in%	Anzahl		in%	Anzahl		in%
	Proben	Positive		Proben	Positive		Proben	Positive	
Tetracycline	185	1 (Muskel)	0,5	581			376	2 (2 x Niere, 1 x Muskel)	0,5
Aminoglycoside	16			157	1 (Niere)	0,6	100	2 x Niere	2,0
Chinolone	44			301			185	1 (Leber und Niere)	0,5

2.3
Positive Rückstandsbefunde 2006 im Einzelnen

Im Jahr 2006 lag der Prozentsatz der ermittelten positiven Rückstandsbefunde mit 0,21% geringfügig höher als im Vorjahr. Zum Vergleich: Im Jahr 2005 waren 0,18% und im Jahr 2004 0,19% der untersuchten Planproben mit Rückständen oberhalb der zulässigen Höchstgehalte bzw. mit nicht zugelassenen oder verbotenen Stoffen belastet.

2.3.1   Rinder

Im Jahr 2006 wurden 1.948 Kälber, 8.585 Rinder und 4.261 Kühe getestet. Von diesen insgesamt 14.794 Rinderproben wurden 7.939 Proben auf verbotene Stoffe mit anaboler Wirkung und auf nicht zugelassene Stoffe, 2.818 auf antibakteriell wirksame Stoffe, 3.969 auf sonstige Tierarzneimittel und 1.371 auf Umweltkontaminanten untersucht. Die Proben wurden direkt beim Erzeuger oder auf dem Schlachthof entnommen.

Insgesamt waren 2006 mit 0,15% der untersuchten Rinder ähnlich viele positiv wie im Vorjahr mit 0,16%. Mit 0,34% waren die 894 untersuchten Schlachtkälber am häufigsten belastet, gefolgt von Schlachtkühen (3.543 untersuchte Tiere) und Rindern aus Erzeugerbetrieben (5.599 untersuchte Tiere) mit jeweils 0,17%.

Verbotene und nicht zugelassene Stoffe
Hormonell wirksame Stoffe zur Leistungssteigerung und zur Verbesserung der Masteffekte wurden in Einzelfällen nachgewiesen. 17-alpha-Boldenon wurde bei einem Mastrind (0,5 µg/kg) und einer Kuh (0,39 µg/kg) im Urin ermittelt, 17-beta-Boldenon wurde bei einem Mastrind im Urin (6 µg/kg) und Estradiol im Plasma eines Mastrindes (0,05 µg/kg) nachgewiesen. Insgesamt wurden 417 Kälber, 785 Mastrinder und 231 Kühe auf die so genannten Steroidhormone untersucht. Bekannt ist, dass die gefundenen Hormone bei Rindern auch natürlicherweise vorkommen. Hinweise für eine illegale Behandlung der Tiere liegen nicht vor.

Bei einem Mastrind wurden 1,5 µg/kg Zeranol und 3,2 µg/kg Taleranol im Urin nachgewiesen. Zeranol kann, neben seiner illegalen Anwendung als Masthilfsmittel, auch einen natürlichen Ursprung haben. Beide werden direkt durch den Schim-melpilz *Fusarium* oder durch die Umwandlung der Mykotoxine Zearalenon, sowie alpha- und beta-Zearalenol gebildet. Für eine Unterscheidung muss auf alle strukturverwandten Stoffwechselprodukte untersucht werden. In dem vorliegenden Fall wurde anhand der Ergebnisse davon ausgegangen, dass im Bestand mykotoxinhaltiges Futter verfüttert wurde.

Das seit August 1994 bei Lebensmittel liefernden Tieren verbotene Antibiotikum Chloramphenicol wurde im Urin eines von 437 untersuchten Mastkälbern, im Plasma bzw. Urin von zwei der 2.097 untersuchten Mastrinder und im Urin einer von 920 Kühen mit Gehalten zwischen 0,12 µg/kg und 4,3 µg/kg nachgewiesen.

Phenylbutazon, ein nicht zugelassener entzündungshemmender Stoff, wurde im Plasma von zwei von 1.384 Mastrinderproben (0,14%) festgestellt. Die Konzentrationen lagen bei 13,35 und 15,73 µg/kg.

In einer von 140 untersuchten Proben wurde Lasalocid, ein Mittel gegen Kokzidien, in der Leber eines Mastrindes mit einem Gehalt von 3,1 µg/kg gefunden. Lasalocid darf bei Rindern nicht angewendet werden.

Tierarzneimittel
Von den 2.818 auf Stoffe mit antibakterieller Wirkung untersuchten Rinderproben waren sieben (0,25%) positiv, d.h. sie enthielten Rückstände oberhalb der gesetzlich vorgeschriebenen Höchstgehalte. Damit hat sich die Zahl gegenüber dem Vorjahr mit 0,46% fast halbiert. Einzelheiten sind der Tab. 2-3 zu entnehmen. Mit 0,5% waren Kühe wiederum am häufigsten belastet (fünf von 978 Proben), gefolgt von Kälbern mit 0,3% (eine von 331 Proben) und Rindern mit 0,1% (eine von 1.509 Proben). Höchstgehaltsüberschreitungen wurden bei Dihydrostreptomycin, Neomycin, Benzylpenicillin, Marbofloxacin, Oxytetracyclin und Tetracyclin ermittelt. Der höchste Gehalt wurde mit 20.350 µg/kg Dihydrostreptomycin bei einem Mastrind in der Niere festgestellt. Der zulässige Höchstgehalt liegt hier bei 1:000 µg/kg.

Insgesamt wurden 3.969 Rinderproben auf sonstige Tierarzneimittel untersucht. Bis auf die bereits erwähnten Phenylbutazon- und Lasalocidbefunde konnten keine weiteren Rückstände in verbotener Höhe ermittelt werden.

Kontaminanten und sonstige Stoffe

Insgesamt wurden 1.371 Proben auf Kontaminanten und sonstige Stoffe getestet. In einer Probe wurden Rückstände von Pentachlorphenol gefunden. Der Gehalt lag bei 41 µg/kg (zulässiger Höchstgehalt: 10 µg/kg). Pentachlorphenol wird in Holzschutzmitteln wegen seiner fungiziden Wirkung verwendet. Ursache waren in diesem Fall mit Holzschutzmittel behandelte Holzböden in den Kälberboxen.

Insgesamt 357 Rinder wurden auf chemische Elemente untersucht. Bei einem von 52 untersuchten Kälbern (1,9 %) wurde in den Nieren Blei mit einem Gehalt von 1,33 mg/kg (zulässiger Höchstgehalt: 1 mg/kg) und bei einem von 192 Rindern (0,5 %) wurde Cadmium in den Nieren (Gehalt 2,33 mg/kg/zulässiger Höchstgehalt 1 mg/kg) nachgewiesen.

Fazit: Trotz der Tatsache, dass den Untersuchungen zielorientierte und keine repräsentativen Probenahmen zugrunde liegen, kann festgestellt werden, dass im Jahr 2006 Mastrinder gering mit Rückständen oberhalb der Höchstgehalte bzw. mit verbotenen oder nicht zugelassenen Stoffen belastet waren. Etwas häufiger wiesen Kühe und Kälber Höchstgehaltsüberschreitungen auf. Die Ergebnisse lagen auf ähnlichem Niveau wie im Vorjahr.

2.3.2 Schweine

22.368 Schweineproben wurden insgesamt untersucht, davon 10.006 Proben auf verbotene Stoffe mit anaboler Wirkung und auf nicht zugelassene Stoffe, 6.809 auf antibakteriell wirksame Stoffe, 7.704 auf sonstige Tierarzneimittel und 2.457 auf Umweltkontaminanten. Die Proben wurden direkt beim Erzeuger oder auf dem Schlachthof entnommen.

Insgesamt waren 0,14 % der untersuchten Tiere positiv.

Verbotene und nicht zugelassene Stoffe

Auf verbotene Stoffe mit anaboler Wirkung und auf nicht zugelassene Stoffe wurden insgesamt 10.006 Proben untersucht. Davon wurden 526 auf die Stoffgruppe der synthetischen, zum Teil natürlich vorkommenden Androgene getestet. In Urinproben von neun Mastschweinen wurde 17-beta-19-Nortestosteron (Nandrolon) in Konzentrationen zwischen 1,4 und 486 µg/kg ermittelt. Der Medianwert lag bei 81 µg/kg. Bei drei von diesen Tieren wurde auch 17-beta-Boldenon in Konzentrationen zwischen 12 und 20 µg/kg nachgewiesen. Die Steroidhormone 17-beta-19-Nortestosteron und 17-beta-Boldenon kommen auch natürlicherweise bei Schweinen vor. Es wurden keine Hinweise auf eine illegale Behandlung gefunden.

Verbotene antibakteriell wirksame Stoffe wurden in fünf Fällen nachgewiesen, viermal Chloramphenicol im Fleisch von 1.969 getesteten Schweinen mit einem Gehalt zwischen 0,61 und 1,99 µg/kg und einmal Metronidazol bei 2.259 Tieren mit einem Gehalt von 0,146 µg/kg Metronidazol und 0,746 µg/kg Hydroxymetronidazol im Plasma.

Das für Schweine nicht zugelassene Antiparasitikum Lasalocid wurde einmal bei 211 untersuchten Proben festgestellt. Der Gehalt lag bei 1,42 µg/kg.

Tab. 2-4 Höchstmengenüberschreitungen bei Schweinen in einzelnen Stoffgruppen.

Stoffgruppe	Anzahl		in %
	Proben	Positive	
Tetracycline	2390	4	0,17
Chinolone	1.285	2	0,16
Sulfonamide	1691	3	0,18

Tierarzneimittel

Von den 6.809 auf Stoffe mit antibakterieller Wirkung untersuchten Proben waren neun (0,13 %) positiv. Im Jahr 2005 waren es noch 0,25 %. Ermittelt wurden Höchstgehaltsüberschreitungen bei Sulfonamiden, Tetrazyclinen und Chinolonen (Tab. 2-4). Jeweils in einem Fall wurden Überschreitungen bei Enrofloxacin und Marbofloxacin in Niere und Muskulatur mit Konzentrationen zwischen 169,8 und 711 µg/kg nachgewiesen. Tetracyclin wurde dreimal in der Muskulatur mit Gehalten 140,1, 199 und 309 µg/kg (zulässiger Höchstgehalt: 100 µg/kg) und einmal in der Niere mit einem Gehalt von 740 µg/kg (zulässiger Höchstgehalt: 600 µg/kg) nachgewiesen. Außerdem wurden zweimal Sulfadiazin in der Muskulatur (Gehalte: 169,8 und 171,3 µg/kg/zulässiger Höchstgehalt: 100 µg/kg) und einmal Sulfadimidin in der Niere mit einem Gehalt von 281,5 µg/kg (zulässiger Höchstgehalt: 100 µg/kg) gefunden.

7.704 Proben wurden auf sonstige Tierarzneimittel untersucht. Eine Höchstgehaltsüberschreitung gab es bei Untersuchungen auf das Antiparasitikum Levamisol. 258 Proben wurden untersucht. Der Gehalt in der beanstandeten Leberprobe lag bei 202 µg/kg, der zulässige Höchstgehalt liegt bei 100 µg/kg. Außerdem wurde in einer von 863 untersuchten Proben das Beruhigungsmittel Azaperon mit einem Gehalt von 474 µg/kg in den Nieren nachgewiesen (zulässiger Höchstgehalt: 100 µg/kg).

Kontaminanten und sonstige Stoffe

Insgesamt 2.457 Proben wurden auf Kontaminanten und sonstige Stoffe getestet. Von den 982 auf organische Chlorverbindungen und PCBs untersuchten Schweinen wurden einmal PCB 138, 153 und 180 im Fett (Gehalte von 150, 140 und 120 µg/kg, zulässige Höchstgehalte, PCB 138 und 153: 100 µg/kg, PCB 180: 80 µg/kg) ermittelt, einmal Pentachlorphenol in der Leber (Gehalt 20 µg/kg, zulässiger Höchstgehalt: 10 µg/kg) und einmal Dioxine in der Leber (Gehalt 20 Ng/kg, zulässiger Höchstgehalt: 6 Ng/kg). 741 auf organische Phosphorverbindungen und 860 auf Mykotoxine untersuchte Proben waren negativ.

Bei den 663 auf Schwermetalle untersuchten Proben wurde in den Nieren jeweils einmal ein Cadmiumgehalt von 1,245 mg/kg (zulässiger Höchstgehalt: 1 mg/kg) und einmal ein Bleigehalt von 2 mg/kg (zulässiger Höchstgehalt: 0,5 mg/kg) ermittelt.

Fazit: Schweine wiesen auch in 2006 nur eine geringe Belastung mit Rückständen in verbotener Höhe auf. Gegenüber dem

Vorjahr lag die Belastung auf ähnlichem Niveau. Der verstärkte Nachweis von auch natürlicherweise vorkommenden Steroidhormonen könnte auf eine verbesserte Analytik in diesem Bereich hinweisen.

2.3.3   Geflügel

Von den insgesamt 5.525 Geflügelproben wurden 3.467 Proben auf verbotene Stoffe mit anaboler Wirkung und auf nicht zugelassene Stoffe, 1.521 auf antibakteriell wirksame Stoffe, 2.075 auf sonstige Tierarzneimittel und 469 auf Umweltkontaminanten untersucht. Die Proben wurden direkt beim Erzeuger oder im Geflügelschlachtbetrieb entnommen.

Insgesamt waren 0,13 % der untersuchten Proben positiv. Dies sind mehr als doppelt so viele wie im Vorjahr mit 0,05 %. In einer von 1.455 Proben (0,07 %) wurde das verbotene Antibiotikum Chloramphenicol im Fleisch einer Ente in einer Konzentration von 0,31 µg/kg nachgewiesen. Das ebenfalls verbotene Antiparasitikum Ronidazol fand man in der Plasmaprobe einer Pute mit einem Gehalt von 30,7 µg/kg. 1.417 Geflügelproben wurden auf Ronidazol untersucht.

Höchstgehaltsüberschreitungen gab es bei drei von 627 Masthähnchen, die auf Tetracyclin, einen antibakteriell wirksamen Stoff, untersucht wurden. Die Gehalte im Fleisch lagen zwischen 169 und 264 µg/kg, der zulässige Höchstgehalt liegt bei 100 µg/kg.

In zwei von fünf untersuchten Masthähnchenproben wurden in der Muskulatur Dioxine mit Rückstandsgehalten von 7,23 und 29,8 ng/kg (zulässiger Höchstgehalt: 2 ng/kg) nachgewiesen.

In einer Probe von Tierkörpern (Federn und Muskulatur) und Eiern wurde Nikotin nachgewiesen. Nikotin darf als Schädlingsbekämpfungs- und Desinfektionsmittel seit dem 14.12.2003 nicht mehr in den Verkehr gebracht werden. Andere zulässige Anwendungsgebiete bei Lebensmittel liefernden Tieren gibt es nicht. Rückstände auf Tieren, die der Lebensmittelgewinnung dienen, sowie in Lebensmitteln tierischer Herkunft dürfen daher nicht auftreten. Es wurden daher Verfolgsproben von Federn, Muskulatur, Haut mit Fett und Eiern verschiedener Betriebe entnommen. Insgesamt sind dabei 658 Untersuchungen an Tierkörpern und Eiern durchgeführt worden, von denen 226 Proben Rückstände enthielten. Die gefundenen Nikotinwerte lagen in Federn zwischen 0,33 und 1.113 mg/kg, Median 27,7 mg/kg, in Eiern zwischen 0,003 und 0,023 mg/kg, Median 0,004 mg/kg in Haut mit Fett zwischen 0,004 und 0,019 mg/kg, Median 0,006 mg/kg und in der Muskulatur zwischen 0,004 und 0,053 mg/kg, Median 0,012 mg/kg. Belastete Tierkörper und Eier wurden als nicht verkehrsfähig eingestuft. Gegen die für die Desinfektion der Geflügelställe zuständigen Mitarbeiter der beauftragten Reinigungsfirma wurden Strafverfahren eingeleitet und inzwischen wurden entsprechende Geldstrafen verhängt.

Fazit: Auch wenn Geflügelproben gegenüber dem Vorjahr etwas stärker mit Rückständen in verbotener Höhe belastet waren, so ist die Gesamtbelastung immer noch als gering anzusehen. Am auffälligsten waren die Nikotinbefunde in einigen Legehennenbeständen, wobei es sich hierbei bezüglich der Ursache um einen Einzelfall handelte.

2.3.4   Schafe

Insgesamt 499 Proben von Schafen wurden auf Rückstände geprüft, davon 117 auf verbotene Stoffe mit anaboler Wirkung und auf nicht zugelassene Stoffe, 177 auf antibakteriell wirksame Stoffe, 166 auf sonstige Tierarzneimittel und 73 auf Umweltkontaminanten. Die Proben wurden auf dem Schlachthof entnommen.

Insgesamt waren zwei Proben (0,4 %) positiv.

Von den 32 auf Schwermetalle untersuchten Proben wurde bei einem Mastlamm eine Höchstgehaltsüberschreitung für Blei in der Leber und Cadmium in der Niere festgestellt. In der Probe lagen der Bleigehalt bei 0,59 mg/kg (zulässiger Höchstgehalt: 0,5 mg/kg und der Cadmiumgehalt bei 4,22 mg/kg (zulässiger Höchstgehalt: 1 mg/kg). Bei einem Schaf wurde in der Niere ein erhöhter Cadmiumgehalt von 2,63 mg/kg nachgewiesen.

Alle anderen untersuchten Proben wiesen keine Höchstgehaltsüberschreitungen bzw. Rückstände von verbotenen Stoffen auf.

Fazit: Trotz der Belastung von zwei Proben mit Schwermetallen kann insgesamt von einer geringen Belastung von Schafen mit Rückständen in verbotener Höhe ausgegangen werden, da keine weiteren positiven Befunde ermittelt werden konnten.

2.3.5   Pferde

Insgesamt 141 Proben von Pferden wurden auf Rückstände geprüft, davon 78 auf verbotene Stoffe mit anaboler Wirkung und auf nicht zugelassene Stoffe, 38 auf antibakteriell wirksame Stoffe, 73 auf sonstige Tierarzneimittel und 16 auf Umweltkontaminanten. Die Proben wurden auf dem Schlachthof entnommen.

Fünf Proben wurden auf PCBs untersucht. In einer dieser Proben fanden die Analytiker im Fett PCB 153 und PCB 180 in Konzentrationen von 210 und 180 µg/kg (zulässige Höchstgehalte: PCB 153: 100 µg/kg, PCB 180: 80 µg/kg).

Alle anderen Proben wiesen keine Höchstgehaltsüberschreitungen bzw. Rückstände von verbotenen Stoffen auf.

Fazit: Mit sieben Proben mehr wurde die Gesamtprobenzahl bei Pferden nochmals leicht erhöht. Nur in einer Probe fand sich ein erhöhter PCB-Gehalt, d. h. 0,71 % der insgesamt untersuchten Proben wiesen Rückstände in verbotener Höhe auf.

2.3.6   Kaninchen

Aufgrund des geringen Anteils von Kaninchen am Gesamtfleischverzehr in Deutschland ist auch das Probenkontingent bei Kaninchen gering. Insgesamt wurden 11 Proben von Kaninchen auf Rückstände geprüft, davon vier auf verbotene Stoffe mit anaboler Wirkung und auf nicht zugelassene Stoffe, drei auf antibakteriell wirksame Stoffe, fünf auf sonstige Tierarzneimittel und vier auf Umweltkontaminanten. Die Proben wurden direkt beim Erzeuger oder auf dem Schlachthof entnommen.

Bei Kaninchen konnten weder Höchstgehaltsüberschreitungen noch Rückstände von verbotenen Stoffen ermittelt werden.

Fazit: Wie bereits im letzten Jahr konnte bei Kaninchen keine Rückstandsbelastung in verbotener Höhe im Jahr 2006 festgestellt werden.

2.3.7 Wild

Insgesamt wurden 222 Wildproben untersucht, 102 stammten von Zuchtwild und 120 von Wild aus freier Wildbahn. Getestet wurden überwiegend Damwild, Rotwild, Rehe und Wildschweine. Pharmakologisch wirksame Stoffe sind in der Regel nur bei Zuchtwild relevant, da sie dem Tier über die Nahrung oder direkt zugeführt werden müssen. Daher wurden 20 Proben von Zuchtwild auf verbotene Stoffe mit anaboler Wirkung und auf nicht zugelassene Stoffe, 20 auf antibakteriell wirksame Stoffe, 41 auf sonstige Tierarzneimittel und 43 auf Umweltkontaminanten untersucht. Bei Wild aus freier Wildbahn wurden 50 auf Insektizide aus der Gruppe der Pyrethroide und 116 auf Kontaminanten getestet.

Rückstandsmengen im positiven Bereich konnten bei Zuchtwild in keinem Fall ermittelt werden.

Belastungen mit Organochlorverbindungen oberhalb der gesetzlich festgelegten Höchstgehalte wurden bei Wildschweinen aus der freien Wildbahn in vier von 34 untersuchten Wildschweinproben (11,8 %) festgestellt. In den Proben wurden folgende Stoffe gefunden: DDT, Lindan, alpha- und beta-HCH, PCB 138 und 153. Ein Tier war mehrfach belastet mit DDT, Lindan und alpha-HCH. Die DDT-Werte lagen mit 1,111 und 1,294 mg/kg leicht oberhalb des zulässigen Höchstgehaltes von 1 mg/kg. Ähnliches gilt auch für die anderen ermittelten Rückstände (zulässige Höchstgehalte in Klammern): Lindan: 0,16 mg/kg (0,02 mg/kg), alpha-HCH: 0,399 µg/kg (0,2 mg/kg), beta-HCH: 0,139 mg/kg (0,1 mg/kg) und PCB 138 und 153: 124 (100 µg/kg) bzw. 180 µg/kg (80 µg/kg). Außerdem gab es einen Zufallsbefund von dem auch natürlich vorkommenden 17-beta-19-Nortestosteron bei einem Tier aus freier Wildbahn. Der Gehalt lag bei 50 µg/kg.

Fazit: Zuchtwild war 2006, wie auch in den letzten Jahren, nicht oberhalb der Höchstgehalte bzw. mit verbotenen oder nicht zugelassenen Stoffen belastet. Dagegen sind insbesondere Wildschweine aus freier Wildbahn relativ häufig mit Organochlorverbindungen kontaminiert. Organochlorverbindungen werden über lange Zeit vom Körper insbesondere im Fett gespeichert, d. h. sie reichern sich dort an. Daher gilt: Je älter ein Tier ist, umso höher ist es in der Regel belastet. Wildschweine sind durch das Wühlen in der Erde noch zusätzlich prädestiniert, da solche Umweltkontaminanten besonders im Boden zu finden sind.

2.3.8 Aquakulturen

Im Jahr 2006 wurden 315 Proben von Forellen, 204 Proben von Karpfen und 18 Proben von sonstigen Aquakulturen getestet. Von den insgesamt 537 Proben wurden 121 auf verbotene Stoffe mit anaboler Wirkung und auf nicht zugelassene Stoffe, 48 auf antibakteriell wirksame Stoffe, 92 auf sonstige Tierarzneimittel und 476 auf Umweltkontaminanten untersucht. Die Proben wurden direkt beim Erzeuger entnommen.

In einer von 15 auf Nitrofuranmetaboliten untersuchten Proben von nicht weiter definierten Fischen wurde 3-Amino-2-oxazolidinon (AOZ) mit einem Gehalt von 1,4 µg/kg nachgewiesen. Die Anwendung von Nitrofuranen (antibakteriell und antiparasitär wirksame Stoffe) ist bei allen Lebensmittel liefernden Tieren verboten.

Wegen der Relevanz des Stoffes in den vergangenen Jahren wurde auch in 2006 ein Großteil der Proben zusätzlich zu den anderen geforderten Untersuchungen auf Malachitgrün untersucht. Im Einzelnen wurden auf Malachitgrün 221 Proben von Forellen, 159 von Karpfen und acht von sonstigen Aquakulturen und auf dessen Metaboliten Leukomalachitgrün 216 Proben von Forellen, 153 von Karpfen und acht von sonstigen Aquakulturen getestet. Malachitgrün wird häufig zur Teichdesinfektion eingesetzt, eine damit verbundene Behandlung von Fischen ist jedoch verboten. In sieben Planproben von Forellen (3,2 %) und zwei Planproben Karpfen (1,3 %) konnte Leukomalachitgrün nachgewiesen werden. Damit ist gegenüber 2005 bei Forellen und bei Karpfen ein Rückgang um 0,8 % zu verzeichnen. Die Gehalte lagen im Mittel bei 0,027 mg/kg, der Maximalwert betrug 0,18 mg/kg. Zum Teil erneut positive Befunde bei Nachproben (Gehalte bis zu 1,2 mg/kg) aus den betroffenen Beständen lassen in einigen Fällen auf eine unzulässige Verwendung von Malachitgrün schließen.

Fazit: Wenn auch der Anteil an positiven Malachitgrünbefunden seit 2004 stetig zurückgeht, wird dieser zur Anwendung bei Aquakulturen nicht zugelassene Stoff immer noch relativ häufig nachgewiesen. Mit 2,1 % liegt die Beanstandungsquote im Vergleich zu anderen im Rahmen des NRKP untersuchten Wirkstoffen deutlich höher. Daher werden, wie bereits seit drei Jahren, auch in 2007 Fische aus Aquakulturen verstärkt auf Malachitgrün und Leukomalachitgrün untersucht.

2.3.9 Milch

Insgesamt wurden 1.691 Milchproben auf Rückstände geprüft, davon 1.150 auf verbotene und nicht zugelassene Stoffe, 1.131 auf antibakteriell wirksame Stoffe, 1.371 auf sonstige Tierarzneimittel und 368 auf Umweltkontaminanten. Die Proben wurden direkt im Erzeugerbetrieb oder aus dem Tankwagen entnommen.

In einer von 291 Proben (0,34 %) konnte das Antibiotikum Benzylpenicillin oberhalb des zulässigen Höchstgehaltes von 4 µg/kg nachgewiesen werden. Der Rückstandsgehalt lag bei 47 µg/kg.

Tab. 2-5 Dioxinrückstände in Eiern.

Haltungsform	Anzahl untersuchter Proben	Anzahl Proben mit Dioxinrück-ständen	Anzahl Proben mit Gehalten >3 pg WHO-PCDD/F-TEQ/g Fett	Mittelwert	Median	Minimum	Maximum
Erzeugnis gemäß Öko-VO (EG)	1	1	0	0,68	0,68	0,68	0,68
Freiland	22	22	2	0,87	0,38	0,0001	6,36
Käfighaltung	7	7	0	0,62	0,22	0,0002	1,70
Bodenhaltung	15	15	0	0,24	0,23	0,0001	0,86
keine Angabe	2	2	1	3,15	0,30	0,0002	9,16
Summe	47	47	3	0,69	0,30	0,0001	9,16

Alle anderen Proben wiesen keine Höchstgehaltsüberschreitungen bzw. Rückstände von verbotenen Stoffen auf.

Fazit: Ähnlich wie in 2005 war Milch auch im Jahr 2006 gering mit Rückständen in verbotener Höhe belastet.

2.3.10 Eier

622 Hühnereierproben wurden auf Rückstände geprüft, davon 142 auf verbotene und nicht zugelassene Stoffe, 139 auf antibakteriell wirksame Stoffe, 346 auf sonstige Tierarzneimittel und 183 auf Umweltkontaminanten. Die Proben wurden direkt im Erzeugerbetrieb oder in der Packstelle entnommen.

Insgesamt waren 1,45 % der untersuchten Proben positiv.

In vier von 181 untersuchten Proben (2,2 %) wurde Lasalocid mit Gehalten von 2,5, 3,7, 18,1 und 278 µg/kg und in einer von 221 Proben wurde Nicarbazin (Gehalt 2,5 µg/kg) nachgewiesen. Beides sind Mittel gegen Darmparasiten, die in der Geflügelhaltung dem Futter zugesetzt werden können. Während Nicarbazin nicht für Legehennen zugelassen ist, darf der Wirkstoff Lasalocid seit dem 11.09.2006 EU-weit bei Legehennen eingesetzt werden. In Deutschland ist jedoch noch kein Lasalocid-haltiges Präparat für Legehennen zugelassen.

Dioxinuntersuchung in Eiern

Ab dem 01.01.2005 gilt der in der VO (EG) Nr. 466/2001 festgelegte Höchstgehalt für Hühnereier und Eiprodukte von 3 pg WHO-PCDD/F-TEQ/g Fett auch für Eier aus Freilandhaltung und intensiver Auslaufhaltung. Seit 01.07.2002 galt dieser bereits für Eier aus anderen Haltungsformen. Begründet wurde die längere Frist damit, dass die Überwachungsdaten erkennen ließen, dass Eier aus Freilandhaltung und intensiver Auslaufhaltung mehr Dioxin enthalten als solche aus Batteriehaltung. Die Fristverlängerung sollte dazu dienen, dass Maßnahmen zur Verringerung des Dioxinanteils in diesen Eiern getroffen werden können. Um zu prüfen, ob geeignete Maßnahmen getroffen wurden, wurden auch in 2006 Eier zusätzlich auf Dioxine getestet.

47 Proben von Eiern wurden im Rahmen des NRKP 2006 auf Dioxine untersucht. Bei Proben von Eiern aus der Käfig- und Bodenhaltung sowie Eiern gemäß Öko-Verordnung gab es keine Höchstgehaltsüberschreitungen. Bei Eierproben aus der Freilandhaltung wurde der Höchstgehalt in zwei Fällen (9,1 %) überschritten. Bei einer weiteren Höchstgehaltsüberschreitung ist die Haltungsform der Probe nicht bekannt gewesen. Unterhalb des gesetzlich festgelegten Höchstgehaltes wurden in jeder weiteren Probe Dioxinrückstände nachgewiesen. Nähere Einzelheiten sind in der Tab. 2-5 zu finden.

Fazit: Eier waren im Jahr 2006 häufiger mit Rückständen in verbotener Höhe belastet als im Vorjahr. Dies ist hauptsächlich immer noch auf eine Belastung der Eier mit unzulässigen Futterzusatzstoffen zurückzuführen. Waren im Jahr 2005 0,5 % der untersuchten Proben belastet, so sind es in 2006 2,2 %. Als wahrscheinliche Ursache wurden in erster Linie Verschleppungen im Herstellungsbereich von Futtermitteln vermutet.

2.3.11 Honig

Insgesamt wurden 155 Honigproben auf Rückstände geprüft, davon 44 auf verbotene Stoffe, 89 auf antibakteriell wirksame Stoffe, 98 auf sonstige Tierarzneimittel und 112 auf Umweltkontaminanten. Die Proben wurden direkt im Erzeugerbetrieb oder während des Produktionsprozesses entnommen.

In einer von 79 auf Sulfonamide untersuchten Proben wurde Sulfathiazol mit einem Gehalt von 68,8 µg/kg ermittelt. Die Anwendung von Sulfonamiden, die zu den Antibiotika zählen, ist bei Bienen nicht zugelassen. Sulfonamide werden verbotenerweise zur Bekämpfung der Amerikanischen Faulbrut, einer bakteriellen Infektion der Honigbienen, angewendet.

In einer weiteren Probe wurde der Rückstand Semicarbazid mit einem Gehalt von 0,73 µg/kg gefunden. Die Ermittlungen ergaben, dass die Kontaminante voraussichtlich über den Verschlussdeckel in den Honig gelangt ist. Semicarbazid kann bei der Herstellung von Deckeldichtungen (so genannte Twist-off Deckel) für vakuumdicht verschlossene glasverpackte Lebensmittel entstehen.

Alle anderen Proben wiesen keine Höchstgehaltsüberschreitungen bzw. Rückstände von verbotenen Stoffen auf.

Fazit: Honig war im Jahr 2006 kaum mit Rückständen belastet.

Tab. 2-6 Positive Rückstandsbefunde aufgeteilt nach Stoffgruppen (Auszug).

Stoffgruppe A nach 96/23/EG: Stoffe mit anaboler Wirkung und nicht zugelassene Stoffe	1.1.1 Substanzgruppe	Zahl der Bestimmungen (gesamt)	Substanzklasse (Stoff)	Anzahl der positiven Befunde
	A 3: Steroide	1669	17-beta-19-Nortestosteron/ Alpha-Boldenon/Beta-Boldenon	13 (10/2/4)
		282	17-beta-Estradiol	1
	A 4: Resorcylsäure-Lactone	1536	Zeranol/Taleranol	1 (1/1)
	A 6: Stoffe des Anhangs IV der VO 2377/90/EWG	8219	Amphenicole	9
		1549	Nitrofurane	2
		3998	Nitroimidazole	2 (1/1/1)
Stoffgruppe B nach 96/23/EG: Tierarzneimittel und Kontaminanten	1.1.2 Substanzgruppe	Zahl der Bestimmungen (gesamt)	Substanzklasse (Stoff)	Anzahl der positiven Befunde
Gruppe B 1		859	Aminoglykoside	3
	B 1: antibakteriell wirksame Stoffe ohne Hemmstoffe	1468	Penicilline	1
		2423	Chinolone	3
		2932	Sulfonamide	4
		4954	Tetracycline	10
Gruppe B 2		2470	Anthelminthika	1
		1035	Kokzidiostatika	7
	B 2: sonstige Tierarzneimittel	1387	Beruhigungsmittel/Sedativa	1
		6151	Nicht steroidale Entzündungshemmer	2
Gruppe B 3		2275	Organochlor-Verbindungen	13
		1398	Chemische Elemente	6
	B 3: andere Stoffe und Umweltkontaminanten	419	Leukomalachitgrün/ Gesamt Malachitgrün/ Malachitgrün	9 (8/1/1)
		55	Nikotin/Cotinin	1 (1/1)

2.4
Bewertungsbericht des BfR zu den Ergebnissen des NRKP 2006[2,3]

Aufgrund der vorgelegten Ergebnisse des Nationalen Rückstandskontrollplanes 2006 besteht aus wissenschaftlicher Sicht bei einmaligem oder gelegentlichem Verzehr der Lebensmittel mit positiven Rückstandsbefunden kein unmittelbares Risiko für den Verbraucher. Für die Rückstände einiger gefundener Verbindungen (Chloramphenicol, Nitrofuranmetaboliten und Malachitgrün) kann ein potentielles akutes bzw. chronisches Verbraucherrisiko jedoch nicht abschließend ausgeschlossen werden. Im Fall der gefundenen Rückstände an antibakteriell wirksamen Stoffen ist zudem nicht auszuschließen, dass selbst bei den niedrigen gefundenen Konzentrationen, vor allem bei wiederholter Exposition, das Risiko einer Resistenzbildung und einer Sensibilisierung mit potentiell tödlichem Ausgang provoziert werden kann.

2.4.1 Übersicht

Die zuständigen Behörden der Bundesländer haben im Rahmen des Rückstandskontrollplanes 2006 über 89 Fälle berichtet (bei insgesamt 46.565 Untersuchungen, ohne Hemmstofftests), in denen Rückstände und Kontaminanten gefunden wurden, bei denen die festgelegten Höchstmengen überschritten waren oder die Proben nicht zugelassene Substanzen enthalten haben (Tab. 2-6).

Im Vergleich zum Vorjahr, in dem in 90 Fällen positive Rückstände und Kontaminanten gefunden wurden, war die Zahl der Befunde für das Jahr 2006 (89 positive Befunde) etwa gleich.

---

[2] Vollständige Version siehe http://www.bvl.bund.de (>Lebensmittel >Sicherheit und Kontrollen >NRKP 2006); hier z. T. gekürzt.

[3] Stand: 15.10.2007

2.4.2 Bewertung der Einzelstoffe

Stoffgruppe A: Stoffe mit anaboler Wirkung und nicht zugelassene Stoffe

Steroide (A3)

Insgesamt 1.951 Proben von Tieren oder Tiererzeugnissen wurden auf Steroide hin untersucht. Dabei wurden 14 positive Befunde bei in Schlachtbetrieben genommenen Proben und 3 positive Befunde bei in Erzeugerbetrieben genommenen Proben ermittelt. Die Matrices (Urin bzw. Plasma), in denen die Rückstände gefunden wurden, sind für den unmittelbaren gesundheitlichen Verbraucherschutz nicht relevant. Die Ergebnisse könnten jedoch auf den illegalen Einsatz dieser Verbindungen und ein mögliches Vorkommen in verzehrsfähigen Geweben und tierischen Produkten der untersuchten Tiere hindeuten. So wurden insgesamt neun positive Befunde bei einer Gesamtzahl von 518 Proben für 17β-19-Nortestosteron (Nandrolon) bei Mastschweinen gefunden. In einem Fall lag die Konzentration des im Urin eines Mastschweins gefundenen Steroids Nandrolon bei $486\,\mu g/kg$ und somit deutlich höher als bei den übrigen positiven Proben.

839 Rinder sowie 471 Mastschweine wurden auf β-Boldenon untersucht. Im Urin eines Mastrindes sowie drei Mastschweinen wurde β-Boldenon nachgewiesen. Im Urin einer Kuh sowie eines Mastrindes von insgesamt 854 untersuchten Rindern wurde α-Boldenon gefunden. Hinsichtlich dieses α-Boldenonfundes ist festzuhalten, dass diese Substanz auch bei nicht behandelten Tieren vorkommen kann. Wird jedoch 17β-Boldenon festgestellt, so besteht der dringende Verdacht einer vorschriftswidrigen Behandlung.

17β-Estradiol, ein Hormon, das auch natürlicherweise in Tieren vorkommen kann, wurde im Plasma nur eines Mastrindes von 282 auf diese Substanz getesteten Tiere nachgewiesen. Insgesamt lag die Zahl der auf 17β-Estradiol untersuchten Rinder (Kälber, Mastrinder, Kühe) bei 264. 17β-Östradiol ist auf Basis des derzeitigen wissenschaftlichen Wissenstands uneingeschränkt als karzinogen anzusehen, da es sowohl tumorauslösende als auch tumorfördernde Wirkungen hat und die verfügbaren Daten keine quantitative Einschätzung des Risikos für die menschliche Gesundheit zulassen.

Zusammenfassende Bewertung der Ergebnisse für steroide Verbindungen (Gruppe A3): Das wissenschaftliche Gremium für Kontaminanten in der Lebensmittelkette (CONTAM-Gremium) stellt in seinem auf Ersuchen der Europäischen Kommission bezüglich Hormonrückstände in Rindfleisch und Rindfleischerzeugnissen gefertigten Gutachten EFSA (2007) fest, dass „die komplexen Wirkmechanismen von Steroidhormonen noch immer nicht umfassend wissenschaftlich erforscht sind und immer wieder neue Erkenntnisse über die komplexen genomischen und nicht genomischen Regulierungsmechanismen zur Steuerung der hormonellen Homöostase in den verschiedenen Lebensphasen gefunden werden". Weiterhin wird betont, dass die derzeit vorliegenden epidemiologischen Daten den überzeugenden Nachweis eines positiven Zusammenhangs zwischen der verzehrten Menge roten Fleisches und bestimmten Formen hormonabhängiger Krebserkrankungen liefern. Ob Hormonrückstände im Fleisch zu diesem Risiko bei-

tragen, ist jedoch nach Ansicht des Gremiums noch immer unbekannt. Aufgrund der geringen Zahl von positiven Befunden in zudem nicht für den Verzehr bestimmten Matrices ist derzeit nicht von einem nennenswerten Risiko für den Verbraucher durch Rückstände von Steroiden auszugehen. Die Ergebnisse könnten jedoch auf den illegalen Einsatz dieser Verbindungen und ein mögliches Vorkommen in verzehrsfähigen Geweben und tierischen Produkten der untersuchten Tiere hindeuten.

Resorcylsäure-Lactone (einschließlich Zeranol) (A4)

Im Urin eines Mastrinds wurden Rückstände von zur Gruppe der Resorcylsäure-Lactone gehörenden Zeranol und Taleranol nachgewiesen. Zeranol (α-Zearalanol) ist ein Derivat des Mykotoxins Zearalenon und zeigt östrogene und anabole Wirkung. In der Tiermast kann Zeranol als Leistungsförderer zur Wachstumsförderung eingesetzt werden. Im Rind wird Zeranol zu Zearalanon und Taleranol abgebaut. Gemäß der Richtlinie 96/22/EG des Rates vom 29. April 1996 sind hormonal wirksame Wachstumsförderer in der Europäischen Union generell verboten. Die untersuchte Matrix ist für den gesundheitlichen Verbraucherschutz zwar nicht unmittelbar relevant, die positiven Befunde der o. g. Rückstände könnten jedoch auf eine illegale Anwendung dieser Stoffe und ein mögliches Vorkommen in verzehrsfähigen Geweben und tierischen Produkten der untersuchten Tiere hinweisen.

Stoffe des Anhangs IV der VO EWG 2377/90 (A6)

Chloramphenicol (CAP) wurde in insgesamt 9 von 8.219 untersuchten Proben nachgewiesen, wobei es sich bei lediglich fünf Fällen um Proben (Muskulatur) handelte, die für den menschlichen Verzehr geeignet und somit direkt für den gesundheitlichen Verbraucherschutz relevant sind. Gemäß einer Entscheidung der EU Kommission vom 13. März 2003 (2003/181/EG) zur Änderung der Entscheidung 2002/657/EG hinsichtlich der Festlegung von Mindestleistungsgrenzen (MRPL) für bestimmte Rückstände in Lebensmitteln tierischen Ursprungs wurde eine MRPL für Analysenmethoden zur Bestimmung von CAP von $0,3\,\mu g/kg$ für Fleisch, Eier, Milch, Urin, Erzeugnisse der Aquakultur und Honig festgelegt. Vier der im Rahmen des Nationalen Rückstandskontrollplanes berichteten Werte liegen oberhalb dieses Wertes. Der höchste Gehalt wurde mit $1,99\,\mu g/kg$ in der Muskulatur eines Mastschweins gefunden. Insgesamt wies eine Ente (Muskulatur) von 1455 für Geflügel untersuchten Proben einen positiven Befund auf. In der Muskulatur von vier Mastschweinen wurden $0,61$, $0,78$, $0,9$ und $1,99\,\mu g$ CAP je kg gefunden. Insgesamt hatten bei Rindern vier von 3.454 und Mastschweinen vier von 1.969 Proben einen positiven Befund.

CAP wurde in der EU im Jahr 1994 für die Anwendung bei Tieren, die der Lebensmittelgewinnung dienen, durch die Aufnahme in Anhang IV der Verordnung (EWG) Nr. 2377/90 verboten. Die Aufnahme in Anhang IV und der Widerruf der entsprechenden Zulassungen basiert auf der Beurteilung des Commitee for Veterinary Medicinal Products (CVMP), wonach festgestellt wurde, dass für CAP kein ADI (Acceptable Daily Intake) ableitbar ist, da kein Schwellenwert für die Auslösung der aplastischen Anämie beim Menschen bekannt ist, zum Zeitpunkt der Beurteilung zudem positive Genotoxizitätstests vorlagen und weitere Toxizitätsstudien unvollständig waren. Die

Aufnahme in Anhang IV der Verordnung 2377/90/EWG hat wegen des Wortlautes von Artikel 5 dieser Verordnung zur Folge, dass CAP-Rückstände unabhängig von ihren Gehalten als eine Gefahr für die Gesundheit des Verbrauchers angesehen werden müssen. Über den tatsächlichen Umfang des Verbraucherrisikos ist damit jedoch nichts ausgesagt. Der mit der Entscheidung 2003/181/EG festgeschriebene MRPL-Wert von 0,3 µg/kg gibt wiederum lediglich die Mindestanforderungen vor, die von allen amtlichen Laboratorien der Gemeinschaft mindestens erreicht werden müssen. Sie sind rein analytisch begründet und können jederzeit nach unten korrigiert werden. Soweit verfügbar und validiert dürfen auch leistungsfähigere Methoden angewandt werden. Die MRPLs, die bislang nur für einige wenige Verbindungen (derzeit für 10 Stoffe/Stoffgruppen) festgesetzt wurden, sind keine rechtsverbindlichen Höchstmengen zur Überprüfung von Nulltoleranzen (BfR, 2007a). Für die MRPLs gilt, „dass allein die technische Machbarkeit und nicht das gesundheitliche Risiko das Maß für die Festlegung dieser Höchstmengen war bzw. ist und diese Höchstmengen für die jeweilige Substanz in der Regel niemals einer Risikobewertung unterzogen wurden!" (BfR, 2007a).

Bezüglich der gesundheitlichen Bewertung von CAP-Rückständen in Lebensmitteln sei an dieser Stelle auf die Stellungnahme des BgVV vom 10. Juni 2002 (BgVV, 2002a) verwiesen, in der es abschließend heißt: „Zusammenfassend muss davon ausgegangen werden, dass CAP-Konzentrationen in Lebensmitteln im unteren µg/kg-Bereich kein quantifizierbares Risiko für den Konsumenten im Sinne des § 8 LMBG darstellen, aber die entsprechenden Lebensmittel nach § 15 LMBG nicht verkehrsfähig sind." Da u. W. keine neuen wissenschaftlichen Erkenntnisse existieren, die den in der Stellungnahme gemachten Einlassungen und der o. g. Schlussfolgerung widersprechen, ist für die in den Muskelgeweben einzelner Tiere gefundenen Rückstände auch in Hinblick auf die §§ 5 bzw. 10 des Lebensmittel- und Futtermittelgesetzbuchs (LFGB) nicht von einem quantifizierbaren Risiko für den Konsumenten auszugehen. Aus der Sicht des gesundheitlichen Verbraucherschutzes ist das Vorkommen von CAP-Rückständen in für den menschlichen Verzehr bestimmten Lebensmitteln jedoch nicht wünschenswert.

Lediglich in zwei von insgesamt 1.549 auf Nitrofuranrückstände untersuchten Proben wurden Rückstände eines Nitrofuranmetaboliten nachgewiesen. Diese positiven Befunde gehen auf eine von insgesamt 34 auf Nitrofuranrückstände untersuchten Bienenhonigproben, bei der Nitrofurazonmetabolit Semicarbazid (SEM) mit einem Gehalt von 0,73 µg/kg nachgewiesen wurde, und auf eine von insgesamt 15 Fischproben, bei der im Muskelfleisch der Furazolidonmetabolit 3-amino-2-oxazolidinon (AOZ) mit einem Gehalt von 1,4 µg/kg nachgewiesen wurde, zurück.

Nitrofurane werden für die Bekämpfung von Parasiten bei Warmblütern oder Fischen eingesetzt. In der Bienenzucht werden Nitrofurane eingesetzt, um etwa Milben zu bekämpfen. Nitrofurane sowie deren Metabolite besitzen ein genotoxisches Potential (SEM besitzt ein schwaches nicht genotoxisches Potential [EFSA, 2005a]). Deshalb ist ihr Einsatz bei Tieren zur Lebensmittelherstellung mit der Aufnahme dieser Stoffe in Anhang IV der VO (EWG) Nr. 2377/90 seit dem Jahr 1993 in der gesamten EU verboten. Entsprechend Artikel 5, Satz 1 der Verordnung (EWG) Nr. 2377/90 ist bei Stoffen, die in Anhang IV aufgenommen worden sind, davon auszugehen, dass sie potentiell „in jeder Konzentration eine Gefahr für die Gesundheit des Verbrauchers darstellen".

Wie bereits in einer Stellungnahme des BgVV vom 18. Juni 2002 (BgVV, 2002b) beschrieben, war der Furazolidonmetabolit AOZ positiv in verschiedenen Mutagenitätstests: „Positive Befunde wurden mit dem *Salmonella* Mikrosomen Assay mit und ohne metabolischer Aktivierung erhoben, AOZ wirkte klastogen im Chromosomenaberrationstest an menschlichen Lymphozyten (1000–5000 µg/ml) und war auch *in vivo* positiv. In zwei Mikronukleus Tests an Knochenmarkszellen der Maus bewirkte AOZ nach ein- und mehrmaliger i. p. Applikation (250-1500 mg/kg KG) einen Anstieg der Mikrokernrate in den polychromatischen Erythrozyten."

Was das Verbraucherrisiko durch den Verzehr von mit SEM und anderen Nitrofuranrückständen belastete Proben betrifft, so muss mit Hinweis auf das Gutachten des wissenschaftlichen Gremiums AFC über das Vorkommen von Semicarbazid (SEM) in Lebensmitteln vom 21. Juni 2005 (EFSA, 2005a) konstatiert werden, dass aus toxikologischer Sicht bei den in Lebensmitteln gefundenen Konzentrationen von SEM keine Bedenken für die menschliche Gesundheit bestehen. In Hinblick darauf und auf die Gesamtzahl der untersuchten Proben (ein Einzelbefund) ist – was die langfristige und die Gesamtexposition der Verbraucher betrifft – ein quantifizierbares Risiko für den Konsumenten auszuschließen.

Aufgrund des Verdachts auf Genotoxizität und Kanzerogenität bzw. Mutagenität wurden die Nitroimidazole Metronidazol und Ronidazol in den Anhang IV der Verordnung (EWG) Nr. 2377/90 aufgenommen. Ihr Einsatz ist somit bei den zur Lebensmittelgewinnung dienenden Tieren verboten. In zwei von 4.842 auf Metronidazol- und Metronidazol-OH-Rückstände untersuchten Proben von Mastschweinen wurden die genannten Rückstände in Spurenkonzentrationen von 0,146 bzw. 0,746 µg/kg im Plasma der Tiere nachgewiesen. In einer von 615 auf Ronidazolrückstände untersuchten Proben von Truthühnern (Plasma) wurde Ronidazol in einer Konzentration von 30,7 µg/kg gefunden. Die untersuchten Matrices sind für den gesundheitlichen Verbraucherschutz nicht unmittelbar relevant, die Ergebnisse deuten jedoch auf den illegalen Einsatz dieser Verbindungen und ein mögliches Vorkommen in verzehrsfähigen Geweben und tierischen Produkten der untersuchten Tiere hin. Aufgrund der geringen Zahl von positiven Befunden und da in keiner für den menschlichen Verzehr bestimmten Probe Rückstände an Metronidazol, Metronidazol-OH bzw. Rodinazol nachgewiesen wurden, ist nicht von einem Risiko für den Verbraucher durch Rückstände von Metronidazol und Ronidazol auszugehen.

Stoffgruppe B: Tierarzneimittel und Kontaminanten

Gruppe B 1: Antibakteriell wirksame Stoffe ohne Hemmstoffe

Aminoglykoside (B1 A)
In zwei der untersuchten Proben von Kühen und einem Mastrind wurden in der Niere Höchstmengen-Überschrei-

tungen für die zur Gruppe der Aminoglykoside gehörenden Stoffe Dihydrostreptomycin und Neomycin festgestellt. Die Höchstmenge (MRL) für die Niere beträgt für Dihydrostreptomycin 1000 µg/kg, für Neomycin 5000 µg/kg (Anhang I der Verordnung (EWG) Nr. 2377/90). Die Befunde liegen über diesen Grenzen (bis zu 20.350 µg/kg Dihydrostreptomycin in der Niere eines Mastrindes, 18.210 µg/kg Neomycin in der Niere einer Kuh). Der ADI-Wert („Acceptable Daily Intake", duldbare tägliche Aufnahmemenge) für Dihydrostreptomycin beträgt 1500 µg/Person und Tag, für Neomycin 3600 µg/Person und Tag. Beim Verzehr von 50 g Niere (tägliche mittlere Verzehrsmenge zur Festlegung von Höchstmengen für Rückstände nach der Richtlinie 2001/79/EG) würden diese Werte nicht überschritten. Ein toxikologisches Risiko für den Verbraucher ist somit auszuschließen. Nicht auszuschließen ist jedoch, dass bei wiederholter Exposition das Risiko einer Resistenzbildung und einer Sensibilisierung provoziert werden kann.

Penicilline (B1 E)

In nur einer von 291 untersuchten Milchproben wurde eine erhöhte Konzentration von Benzylpenicillin (47 µg/kg) nachgewiesen. Die zulässige Höchstmenge von 4 µg/kg (Anhang I der Verordnung [EWG] Nr. 2377/90) wurde um etwa das Zwölffache überschritten. Mit Blick auf die geringe Resorption nach oraler Gabe und der damit verbundenen äußerst geringen Exposition am potentiellen Wirkort ist hier eine akute gesundheitliche Gefährdung für den Menschen weitestgehend auszuschließen. Zudem kann auch für diesen Rückstand aufgrund des einzigen positiven Befundes an der Gesamtzahl der untersuchten Proben ein chronisches Verbraucherrisiko ausgeschlossen werden. Es ist jedoch nicht auszuschließen, dass bei wiederholter Exposition das Risiko einer Resistenzbildung und einer Sensibilisierung provoziert werden kann.

Chinolone (B1 F)

In zwei Fällen wurden Rückstände von zur Gruppe der Chinolone gehörenden Enrofloxacin nachgewiesen. Der mikrobiologische ADI-Wert von Enrofloxacin beträgt 372 µg/Person und Tag (EMEA, 2002). Die höchsten gefundenen Konzentrationen liegen über 1000 µg/kg in der Muskulatur, was beim Verzehr von 300 g Fleisch (tägliche mittlere Verzehrsmenge zur Festlegung von Höchstmengen für Rückstände nach der Richtlinie 2001/79/EG) den ADI-Wert nicht überschreitet. Aufgrund des aus tierexperimentellen Erkenntnissen geschätzten großen Sicherheitsabstandes für Enrofloxacin und aufgrund der humantoxikologischen Daten von Ciprofloxacin (ein Humanarzneimittel, Metabolit von Enrofloxacin) ist eine gesundheitliche Gefährdung für den Menschen wenig wahrscheinlich.

Vier positive Befunde (Niere und Muskulatur eines Mastschweins sowie einer Kuh) wurden für Rückstände des zur Gruppe der Chinolone gehörenden Marbofloxacins festgestellt. Die zulässigen Höchstmengen von 150 µg/kg (Anhang I der Verordnung (EWG) Nr. 2377/90) wurden bis um mehr als das Vierfache überschritten (711 µg/kg Niere bei einem Mastschwein). Allerdings wird der von der EMEA (1999) vorgeschlagene mikrobiologische ADI-Wert für Marbofloxacin von

4,5 µg/kg Körpergewicht (KG) (270 µg/Person und Tag) nur ca. 13 % ausgeschöpft.

Aufgrund der sehr geringen Zahl positiver Befunde an der Gesamtzahl der untersuchten Proben (Chinolone: 3 positive Befunde aus 1875 auf diese Substanzen untersuchten Proben) kann ein chronisches Verbraucherrisiko für die genannten Verbindungen ausgeschlossen werden. Es ist jedoch nicht auszuschließen, dass bei wiederholter Exposition das Risiko einer Resistenzbildung und einer Sensibilisierung provoziert werden kann.

Sulfonamide (B1 M)

In Muskulatur und Niere von Mastschweinen sowie im Bienenhonig wurden erhöhte Konzentrationen an diversen Sulfonamiden (Sulfadiazin, Sulfadimidin, Sulfathiazol) in vier Fällen gemessen. Die gefundenen Konzentrationen lagen zwischen 170 µg/kg und 282 µg/kg in Niere und in Muskulatur von Mastschweinen.

Die Höchstmenge für die Sulfonamid-Rückstände wurde – teilweise aus praktischen Gründen – auf 100 µg/kg in essbaren Geweben festgelegt. Unter Berücksichtigung der relativ großen therapeutischen Breite dieser Substanzen – wie sie aus der Anwendung beim Menschen bekannt ist – und den gefundenen Rückstandsmengen, ist nach Verzehr dieser Lebensmittel keine akute Gefährdung für den Menschen zu erwarten. Es ist jedoch nicht auszuschließen, dass selbst bei diesen niedrigen Konzentrationen und vor allem bei wiederholter Exposition das Risiko einer Resistenzbildung und einer Sensibilisierung mit tödlicher Folge (Lyell Syndrom) provoziert werden kann.

Tetracycline (B1 N)

In Niere und Muskulatur von Mastkalb, Kuh, Mastschwein und Masthähnchen gab es 10 positive Rückstandsbefunde für Tetracyclin und Oxytetracyclin. Die Höchstmengen (MRL) für beide Substanzen betragen für Niere 600 µg/kg, für Muskulatur 100 µg/kg (Anhang I der Verordnung (EWG) Nr. 2377/90). Die Befunde liegen über dieser Grenze (bis zu 2518 µg/kg in Niere). Die duldbare tägliche Aufnahmemenge (ADI) liegt bei 180 µg/Person und Tag. Beim Verzehr von 50 g Niere (tägliche mittlere Verzehrsmenge zur Festlegung von Höchstmengen für Rückstände nach der Richtlinie 2001/79/EG) würde man diesen Wert nicht überschreiten, ein Risiko für den Verbraucher ist somit auszuschließen. Da diese Antibiotika im Darm zudem nur mäßig resorbiert werden, ist eine antimikrobielle Wirkung nach Verzehr solcher Art belasteter Lebensmittel nicht wahrscheinlich.

Zusammenfassende Bewertung der Ergebnisse für Verbindungen der Gruppe B 1: Aus den Ergebnissen lässt sich eine gesundheitliche Gefährdung für den Menschen nicht ableiten, im Einzelfall jedoch auch nicht mit endgültiger Sicherheit ausschließen. Aufgrund der geringen Zahl von positiven Befunden ist derzeit jedoch nicht von einem chronischen Risiko für den Verbraucher durch Rückstände von Antibiotika auszugehen. Es ist zu bedenken, dass vor allem bei wiederholter Exposition das Risiko der Ausbildung von Antibiotikaresistenzen und einer Induzierung von Allergien bzw. Auslösung bei vorbestehender Sensibilisierung bestehen kann.

Gruppe B 2: sonstige Tierarzneimittel

Anthelminthika (B2a)

Das aus der Gruppe der Anthelminthika stammende Levamisol wurde in der Leber eines Mastschweins von insgesamt 258 auf diese Substanz untersuchten Tieren in einer Konzentration von 202 µg/kg gefunden. Trotz der Überschreitung der Höchstmenge, die nach der Verordnung (EWG) Nr. 2377/90 für Leber 100 µg/kg beträgt, ist nicht mit einer Gefährdung beim Verzehr des belasteten Lebensmittels zu rechnen, da selbst der zur Berechung des chronischen Risikos verwendete ADI-Wert von 360 µg/Person und Tag nicht überschritten wird.

Kokzidiostatika (B2b)

In vier Fällen wurden Rückstände des für Junghennen und Masthühner, aber nicht für Legehennen zugelassenen Futterzusatzstoffes Lasalocid-Natrium in Eiern nachgewiesen. Lasalocid-Natrium ist ein gegen einzellige Darmparasiten (Kokzidien) gerichteter Wirkstoff, welcher bei Legehennen nicht zugelassen ist. In einer Eiprobe von Legehennen wurde auch Nicarbacin, ein anderer, ebenfalls zu den Kokzidiostatika gehörender Wirkstoff, gefunden. Zudem wurden bei einem Mastrind sowie bei einem Mastschwein jeweils im Lebergewebe Lasalocid ermittelt. Lasalocid ist als Futterzusatzstoff weder für Mastrinder noch für Mastschweine zugelassen.

Es ist verboten, vom Tier gewonnene Lebensmittel gewerbsmäßig in Verkehr zu bringen, wenn in oder auf ihnen Stoffe mit pharmakologischer Wirkung oder deren Umwandlungsprodukte vorhanden sind, die nicht als Futtermittelzusatzstoffe für das Tier, von dem die Lebensmittel stammen, zugelassen sind. Es gilt das Prinzip der Nulltoleranz.

Für Rückstände von Kokzidiostatika in Eiern gilt auch in solchen Fällen das Prinzip der Nulltoleranz, in denen das BfR die Eier mit Blick auf die potentiellen gesundheitlichen Risiken für den Verbraucher bewertet hatte, und dabei zu dem Ergebnis gelangte, dass die in den Eiern gemessenen Konzentrationen an Lasalocid-Na kein Gesundheitsrisiko für die Verbraucher darstellte. Diese Regelung dient der Durchsetzung der guten Herstellungspraxis bei der Verwendung pharmakologisch wirksamer Stoffe (Zulassung, Verwendung bei Zieltierarten) und entzieht sich damit einer üblichen gesundheitlichen Bewertung.

Vom Scientific Panel on Additives and Products or Substances used in Animal Feed der EFSA wurde für Lasalocid ein „acceptable daily intake" (ADI) von 0,005 mg/kg/KG/d (entsprechend 300 µg je Person von 60 kg KG/Tag) vorgeschlagen. Zu Lasalocid in Eiern von Legehennen liegen die Ergebnisse von 4 Proben vor. Danach beliefen sich die Konzentrationen im Ei auf Werte im Bereich von 2,5 µg bis 278 µg pro kg Eimasse. Die entsprechenden Werte der positiven Leberproben beim Mastrind bzw. Mastschein beliefen sich auf 3,11 µg bzw. 1,42 µg pro kg.

Lasalocid wurde auch vom „Committee for Veterinary Medicinal Products" (CVMP) bewertet. Im Zuge dieser Bewertungsverfahren wurden Rückstandshöchstmengen für tierisches Gewebe festgesetzt. Für das tierische Lebensmittel Ei wurde vom CVMP ein vorläufiger Rückstandshöchstwert von 150 µg/kg Ei festgelegt. Dieser Wert hat, mit in Kraft treten der Verordnung (EG) Nr. 1055/2006, ab 11. September 2006 rechtliche Gültigkeit. Bei einem angenommenen Verzehr von 150 g Ei, die mit dem höchsten gemessenen Gehalt von 278 µg Lasolocid pro kg Ei belastet sind, würden mit 41,7 µg etwa 28 % des vom CVMP festgelegten ADI-Wertes von 2,5 µg/kg KG aufgenommen. Da die übrigen Messwerte deutlich unter diesem Maximalwert liegen, kann generell keine unmittelbare Gesundheitsgefährdung des Verbrauchers durch den Verzehr der belasteten Hühnereier abgeleitet werden.

Die Kenntnisse um Nicarbacin sind noch lückenhaft; u. a. fehlen Studien zur Sicherheitspharmakologie noch gänzlich. Trotzdem erscheint ein relevantes genotoxisches Potential durch Rückstände in Lebensmitteln nicht wahrscheinlich, wie auch in einer Langzeitstudie bei Ratten gezeigt werden konnte. Ferner wird aufgrund der gemessenen geringen Belastung des Eis mit Nicarbacin eine akute Gefährdung für den Menschen ausgeschlossen. Allerdings kann auch bei diesen niedrigen Konzentrationen und vor allem bei wiederholter Exposition das Risiko einer Sensibilisierung nicht ausgeschlossen werden.

Bei einer von 863 untersuchten Schweineproben (Niere) wurden Rückstände von Azaperon, einem Beruhigungsmittel, oberhalb der Höchstmenge analysiert. Der ADI-Wert von 48 µg/Person und Tag wird bei einem angenommenen Verzehr von 50 g Niere (tägliche mittlere Verzehrsmenge zur Festlegung von Höchstmengen für Rückstände nach der Richtlinie 2001/79/EG), die mit 447 µg Azaperon/kg belastet ist, nur zu etwa 47 % ausgeschöpft. Aufgrund des einzigen positiven Befundes an der Gesamtzahl der untersuchten Proben kann ein chronisches Verbraucherrisiko für Azaperon ausgeschlossen werden.

Nicht-steroidale Entzündungshemmer

Das aus der Gruppe der nicht-steroidalen Antiphlogistika stammende Phenylbutazon wurde im Plasma von zwei Mastkälbern gefunden. Dieser Wirkstoff darf bei Tieren, die der Lebensmittelgewinnung dienen, nicht eingesetzt werden. Die Ergebnisse weisen deshalb auf den illegalen Einsatz dieser Verbindungen und ein mögliches Vorkommen in verzehrsfähigen Geweben und tierischen Produkten der untersuchten Tiere hin. Im Fall der Exposition mit Phenylbutazon besteht bei Menschen mit eingeschränkter Leber- und Nierenfunktion ein gewisses Risiko der Verschlechterung der Organfunktionen. Aufgrund der Matrix sind die gefundenen Rückstände für den gesundheitlichen Verbraucherschutz jedoch nicht unmittelbar relevant.

Zusammenfassung der Bewertung der Rückstandsbefunde für Stoffe der Gruppe B 2: Aus den Ergebnissen des NRKPs ist, was das Vorkommen von Verbindungen der Stoffgruppe B 2 (sonstige Tierarzneimittel) in Lebensmitteln tierischer Herkunft betrifft, keine Gesundheitsgefährdung des Verbrauchers abzuleiten.

Gruppe B 3: Andere Stoffe und Umweltkontaminanten

Organische Chlorverbindungen einschließlich polychlorierte Biphenyle (B3a)

In den Untersuchungen auf dioxinähnliche Polychlorierte Biphenyle (PCB) in Lebensmitteln war lediglich jeweils eine Probe bei einem Mastschwein, einem Pferd, einem Wildschwein sowie einer Eiprobe einer Legehenne positiv, angezeigt durch die Indikatorkongenere PCB 138, 153 und 180.

Die in der Schadstoff-Höchstmengenverordnung (SHmV) für diese Kongenere festgesetzten Höchstmengen von 0,1 mg/kg Fleischerzeugnisse mit einem Fettgehalt von mehr als 10 Gramm je 100 Gramm (für die Kongenere 138 und 153) bzw. 0,08 mg/kg für die PCB-Komponente 180 wurden nur geringfügig überschritten. Bei einmaligem Verzehr ist mit akuten gesundheitlichen Risiken nicht zu rechen.

Die jeweils positiven Einzelbefunde der PCB-Kongenere bei dem Pferd, dem Wildschwein sowie dem Hühnerei sind aus Sicht des gesundheitlichen Verbraucherschutzes in gleicher Weise zu werten wie der positive Befund beim Mastschwein.

In Eiern von Legehennen wurden Dioxine nachgewiesen. In drei Eiproben wurde der Höchstgehalt der Summe aus Dioxinen, Furanen und dioxinähnlichen PCB (WHO-PCDD/F-PCB-TEQ) von 0,6 pg/g Fett überschritten (gemessene Werte: 6,006 pg; 6,36 pg; 9,16 pg/g Fett). In den anderen Eiproben (n = 153) wurden Dioxine unterhalb der Höchstmenge nachgewiesen.

Das BfR hat sich bereits in früheren Stellungnahmen dazu geäußert, dass der gelegentliche Verzehr von Eiern, die mehr als 6 Ng Dioxine, Furane und dioxinähnliche PCB pro kg Eifett enthalten, kein gesundheitliches Risiko für den Verbraucher darstellt.

Im Muskelfleisch von Legehennen/Suppenhühnern wurden bei einer Probe 7,23 pg Dioxine und Furane (WHO-PCDD/F-TEQ) pro g Fett ermittelt und in einer weiteren Probe einen Wert von 29,8 pg WHO-PCDD/F-PCB-TEQ)/g Fett. Die entsprechenden Höchstgehalte für Fleisch von Geflügel belaufen sich im ersten Fall (Summe aus Dioxinen und Furanen) auf 2,0 pg/g Fett und bei Bezug auf die Summe aus Dioxinen, Furanen und dioxinähnlichen PCB auf einen Wert von 4,0 pg/g Fett. Unabhängig von der Tatsache, dass die mittlere Verzehrsmenge von Fleisch von Suppenhühnern sehr gering ist, ist es für den Verbraucherschutz unerlässlich, die lebensmittelbedingte Belastung der Menschen mit Dioxinen und dioxinähnlichen PCB zu senken. Da die Kontamination der Lebensmittel tierischen Ursprungs in direktem Zusammenhang mit der umweltbedingten Kontamination von Futtermitteln steht, ist ein integriertes Konzept zur Verringerung von Dioxinen und dioxinähnlichen PCB in der gesamten Lebensmittelherstellungskette erforderlich, d. h. von den Futtermittel-Ausgangserzeugnissen über die zur Lebensmittelgewinnung gehaltenen Tiere bis hin zum Verbraucher.

Pflanzenschutzmittelrückstände (B3a)

Die Bewertung von Pflanzenschutzmittel-Rückständen erfolgte mit Ausnahme der α- und β-Isomere des Hexachlorhexans (HCH) auf der Basis der vom BfR veröffentlichten toxikologischen Grenzwerte (BfR, 2007b) und des vom BfR veröffentlichten Berechnungsmodells mit Verzehrsdaten für Kinder mit einem durchschnittlichen KG von 16,15 kg (BfR, 2006). Für Erwachsene liegen z. Z. keine repräsentativen Verzehrsmengen vor, so dass auf die für Kinder verfügbaren Daten zurückgegriffen werden muss. Da die Verzehrsmengen für Wildschweinfleisch bei Kindern nicht repräsentativ für die Be-

völkerung sind, wurde die Verbraucherexposition zur Sicherheit zusätzlich für den gesamten Fleischverzehr abgeschätzt. Dies stellt eine sehr starke Überschätzung der Aufnahme dar. Da die Verzehrsmengen für „Fleisch, Schwarzwild" bzw. „Fleisch" gelten, die Rückstände aber auf den Fettanteil bezogen wurden, wurde die Aufnahme für 1/5 des Rückstandswerts berechnet (Annahme: 20 % Fettanteil).

Rückstände von β-HCH (Lindan), α-HCH und β-HCH wurden in drei von 97 untersuchten Wildproben mit geringen Gehalten von 0,16; 0,399 bzw. 0,139 mg/kg im Wildschweinfett nachgewiesen.

Im BfR liegt keine aktuelle toxikologische Bewertung für einzelne HCH-Isomere vor, da HCH-haltige Substanzen im Pflanzenschutz in Deutschland schon seit Jahren nicht mehr zugelassen sind. Für Lindan gibt es jedoch eine aktuelle Bewertung der WHO (JMPR, 2002), wobei folgende Grenzwerte abgeleitet wurden:

- ADI: 0,005 mg/kg KG (Basis: Langzeit-Studie, Ratte; SF100)
- ARfD: 0,06 mg/kg KG (Basis: akute Neurotox.-Studie, Ratte; SF 100).

Für HCH gibt es zudem eine Bewertung der DFG (DFG, 1982), die als Annehmbare Tagesdosis (TDI) für den Menschen folgende Werte angibt:

- α-HCH: 0,005 mg/kg KG
- β-HCH: 0,001 mg/kg KG
- Lindan: 0,0125 mg/kg KG

Aus den o. a. Werten lässt sich ableiten, dass die TDI für α-HCH etwa um den Faktor 2 und für β-HCH etwa um den Faktor 10 niedriger ist als für Lindan, wenn man den Stand der Kenntnisse von 1982 zugrunde legt. Die für Lindan abgeleitete TDI der DFG (1982) ist praktisch identisch mit dem von der WHO 1977 festgesetzten ADI-Wert von 0,01 mg/kg KG. Die Bewertung neuerer Daten zu Lindan durch die WHO (JMPR, 2002) hat jedoch zu einer Reduktion des NOAEL bzw. des ADI um den Faktor 2 geführt, während zu α- und β-HCH keine neuen Daten vorgelegt wurden. Wenn man davon ausgeht, dass neue Studien zu α- und β-HCH ebenfalls entsprechend niedrigere NOAELs ergeben würden, dann wären folgende TDI-Werte abzuleiten:

- α-HCH: 0,0025 mg/kg KG
- β-HCH: 0,0005 mg/kg KG

Die Risikoabschätzung ergab, dass weder ein akutes noch ein chronisches Risiko durch die in Wildschweinfleisch gefundenen Lindan-Rückstände besteht, da die Werte für die akute Referenzdosis (ARfD = 0,06 mg/kg KG [WHO, 2002]) bzw. den ADI (0,005 mg/kg KG und Tag [WHO 2002]) um weniger als 1 % ausgeschöpft werden.

In Bezug auf akut toxische Effekte des α- und β-Isomers von HCH ist davon auszugehen, dass Lindan eine höhere akute Toxizität aufweist als die anderen Isomere (DFG, 1982). Deshalb kann für die Bewertung des akutes Risikos durch α- und β-HCH als „worst case"-Annahme die ARfD für Lindan (0,06 mg/kg KG) verwendet werden. Somit besteht auch für die gefundenen α-HCH- und β-HCH-Rückstände im Wildschweinfleisch weder ein akutes noch ein chronisches Risiko für die Verbraucher, da die Werte für die akute Referenzdosis bzw. den ADI nur geringfügig ausgeschöpft werden.

DDT-Rückstände (Summe aus p,p'-DDT und p,p'-DDE) wurden in 2 von 89 untersuchten Wildproben mit Gehalten von 1,11 bzw. 1,294 mg/kg im Wildschweinfett nachgewiesen. In nur einer von 95 Wildproben wurde p,p'-DDE in einer Konzentration von 1,078 mg/kg nachgewiesen.

Der für DDT abgeleitete ADI-Wert liegt bei 0,01 mg/kg KG und Tag (WHO, 2000), die Ableitung der akuten Referenzdosis wurde als nicht erforderlich betrachtet (WHO, 2000). Die Risikoabschätzung ergab, dass weder ein akutes noch ein chronisches Risiko durch die in Wildschweinfleisch gefundenen DDT-Rückstände besteht. Der Wert für den ADI wird nur geringfügig ausgeschöpft. Für p,p'-DDE liegt keine aktuelle toxikologische Bewertung vor, deshalb wurde die toxikologische Bewertung des Originalwirkstoffs DDT für die Abschätzung des Verbraucherrisikos zu Grunde gelegt. Auf Basis dieser Annahme stellt der Befund von 1,078 mg/kg p,p'-DDE ebenfalls keinen Gefährdung für die Verbraucher dar.

Bei der Untersuchung von jeweils einer Leberprobe von Kälbern und Schweinen aus heimischen Schlachtbetrieben wurde in beiden Fällen Pentachlorphenol (PCP) nachgewiesen. Der nach § 1 Abs. 4 Nr. 1 der Rückstandshöchstmengenverordnung (RHmV) für Lebensmittel allgemein zugelassene Grenzwert von 0,01 mg/kg war bei der Kalbsleber mit 0,041 mg PCP/kg sowie bei der Schweineleber mit 0,02 mg PCP/kg deutlich überschritten. Der ADI-Wert für PCP liegt bei 3 µg/kg KG und Tag und wird in beiden Fällen nur maximal um ca. 2,3 % ausgeschöpft. Bei einmaligem Verzehr ist nicht mit akuten gesundheitlichen Risiken zu rechnen. Allerdings sind die Ergebnisse aufgrund der wenigen Untersuchungen nicht für die ganze Bundesrepublik repräsentativ.

Chemische Elemente (B3c)

Cadmium in den Nieren bei Mastschweinen und Schafen/Mastlämmern; Blei in der Leber eines Schafes/Mastlamms.

Insgesamt wurden vier positive Rückstandsbefunde für Cadmium und einer für Blei festgestellt. Cadmium kann sich im menschlichen Körper ansammeln und zu Nierenversagen, Skelettschäden und Einschränkungen der Reproduktionsfunktion führen. Zudem kann nicht ausgeschlossen werden, dass Cadmium beim Menschen karzinogen wirkt. Auch die Resorption von Blei kann ein ernstes Risiko für die Gesundheit darstellen. Blei kann bei Kindern die kognitive Entwicklung verzögern, sowie die intellektuellen Leistungen beeinträchtigen und bei Erwachsenen zu Bluthochdruck und Herz-Kreislauf-Erkrankungen führen.

Von den vier Rückstandsbefunden für Cadmium überschritten zwei Proben bei Mastschweinen (1,245 mg/kg Niere und 2 mg/kg Niere) und zwei Proben bei Schafen (4,22 mg/kg Niere und 2,63 mg/kg Niere) den Höchstgehalt von 1,0 mg Cadmium pro kg Frischgewicht (Anhang I der Verordnung [EG] Nr. 466/2001).

Der Wert für die provisorische tolerierbare wöchentliche Aufnahme (PTWI) von 7 µg Cadmium pro kg KG wurde vom Joint FAO/WHO Expert Committee on Food Additives (JECFA)

im Jahr 2004 erneut bestätigt. Bei einem mittleren Verzehr von 50 g Niere (tägliche mittlere Verzehrsmenge zur Festlegung von Rückständen nach der Richtlinie 2001/79/EG) würde eine Person von 60 kg KG mit 100 µg Cadmium/Woche beim Verzehr von Nieren von Mastschweinen ca. 22 %, beim Verzehr von Nieren von Schafen mit 210 µg Cadmium/Woche maximal 50 % der provisorischen tolerierbaren wöchentlichen Aufnahme aufnehmen.

Da der Verzehr an Schafsnieren in Deutschland jedoch sehr gering ist und nicht davon auszugehen ist, dass über den Zeitraum einer Woche täglich 50 g Nieren verzehrt werden, kann eine unmittelbare Gesundheitsgefährdung des Verbrauchers – selbst bei Bezug auf den höchsten überhaupt gemessenen Gehalt an Cadmium in Nebenprodukten der Schlachtung – nicht abgeleitet werden

Zu der in der Leber eines Schafs/Mastlamms festgestellten geringfügigen Belastung mit Blei (0,59 mg Pb pro kg Frischgewicht) ist festzustellen, dass bei gelegentlichem Verzehr mit akuten gesundheitlichen Risiken nicht zu rechnen ist.

Farbstoffe (B3e)

Rückstände von Malachitgrün (MG) bzw. dessen Metaboliten Leukomalachitgrün (LMG) wurden in der Muskulatur von 9 aus 419 auf diese Verbindungen untersuchten Forellen- bzw. Karpfenproben gefunden. Malachitgrün ist ein Farbstoff und Desinfektionsmittel, dessen Anwendung in Aquakulturen, die der Lebensmittelgewinnung dienen, nicht zulässig ist. Rückstände von Malachitgrün liegen in Fischen überwiegend in Form der Leukobase (Leukomalachitgrün) vor. Für die analytische Bestimmung der Rückstände und die Risikobewertung ist es somit unbedingt notwendig, dass neben Malachitgrün auch dessen Metabolit Leukomalachitgrün berücksichtigt wird. Da der Wirkstoff Malachitgrün nicht in die Anhänge I bis III der Verordnung (EWG) Nr. 2377/90 aufgenommen ist, dürfen Rückstände dieses Wirkstoffs in Nahrungsmitteln tierischen Ursprungs nicht vorkommen (Nulltoleranz). Gemäß einer Entscheidung der EU Kommission vom 22. Dezember 2003 (2004/25/EG) zur Änderung der Entscheidung 2002/657/EG hinsichtlich der Festlegung von Mindestleistungsgrenzen (MRPL) für bestimmte Rückstände in Lebensmitteln tierischen Ursprungs wurde eine MRPL für Analysenmethoden zur Bestimmung von Malachitgrün (Summe von Malachit- und Leukomalachitgrün) von 2 µg/kg festgelegt. Der mit der Entscheidung 2004/25/EG festgeschriebene MRPL-Wert gibt wiederum lediglich die Mindestanforderungen vor, die von allen amtlichen Laboratorien der Gemeinschaft mindestens erreicht werden müssen. Sie sind rein analytisch begründet und können jederzeit nach unten korrigiert werden. Soweit verfügbar und validiert dürfen auch leistungsfähigere Methoden angewandt werden. Die MRPLs sind keine rechtsverbindlichen Höchstmengen zur Überprüfung von Nulltoleranzen (BfR, 2007a). Für die MRPLs gilt, „dass allein die technische Machbarkeit und nicht das gesundheitliche Risiko das Maß für die Festlegung dieser Höchstmengen war bzw. ist und diese Höchstmengen für die jeweilige Substanz in der Regel niemals einer Risikobewertung unterzogen wurden!" (BfR, 2007a).

De Angelis et al. (2003) berichten über die *in vitro* Toxizität von Malachitgrün auf die menschliche Zelllinien Hep-2 und

Caco 2. Ihre Studie hat gezeigt, dass MG, im Gegensatz zu LMG, für beide menschliche Zelllinien toxisch ist. Die Autoren schlussfolgern, dass die Hep-2 Zellen empfindlicher gegenüber MG als die Caco-2 Zellen sind. Stammati et al. (2005) stellten in ihren Untersuchungen fest, dass die Proliferationsfähigkeit und die mitochondriale Aktivität der untersuchten Hep-2 Zellen nach der Inkubation mit MG signifikant nachlassen und dass die Zytotoxizität von MG auf die Caco-2 Zellen Dosis abhängig ist. Stammati et al. (2005) betonen, dass Beobachtungen betreffend die toxische Wirkung von LMG widersprüchlich sind. So wies LMG in einigen Fällen eine stärkere tumorogene Wirkung als MG auf, wohingegen in anderen Studien LMG eine niedrigere oder keine Toxizität im Vergleich zu MG zeigte (Mittelstaedt et al., 2004). Da beide Substanzen ineinander umwandelbar sind, ist zudem unklar, ob MG und LMG verschiedene tumorogene Wirkungen ausüben oder nicht. Mehrere Studien befassten sich mit der Frage der *in vivo* und *in vitro* Mutagenität von MG und LMG (Schneider et al., 2004; Fessard et al., 1999; Mahudawala et al., 1999; Panandiker et al., 1992, 1993 und 1994; Rao et al., 2000; Mittelstaedt et al., 2004; Culp et al., 1999 und 2002; Sundarrajan et al., 2000; Gupta et al., 2003; Manjanatha, 2004). Eine Studie von Culp et al. (1999) sowie eine spätere Studie von Culp et al. (2002) zeigten einen Dosis abhängigen Anstieg der DNA-Addukte in der Leber bei Nagertieren, die mit MG bzw. LMG gefüttert wurden. Culp et al. (2002) kommen zu dem Ergebnis, dass die gebildeten DNA-Addukte einen geringen mutagenen und kanzerogenen Potential besitzen. Die Ergebnisse all dieser Studien sind uneindeutig. MG und LMG gelten deshalb als potentielle *in vivo* Mutagene, obwohl bislang unklar ist, ob die positiven Ergebnisse mancher *in vivo* Studien durch eine direkte DNA-Schädigung hervorgerufen wurden.

Das wissenschaftliche Gremium der EFSA (Europäische Behörde für Lebensmittelsicherheit) für Lebensmittelzusatzstoffe, Aromastoffe, Verarbeitungshilfsstoffe und Materialien, die mit Lebensmitteln in Berührung kommen (AFC, 2005) kam zu der Einschätzung, dass Malachitgrün und Leukomalachitgrün zu der Gruppe der Farbstoffe gehören, die als genotoxisch und/oder karzinogen zu betrachten sind. In den USA wurden im Rahmen des „National Toxicology Programms" mehrere Kanzerogenitätsstudien mit Malachitgrün und Leukomalachitgrün an Ratten und Mäusen durchgeführt (NTP, 2005; Culp et al., 2006). Leukomalachitgrün hat dabei bei weiblichen Mäusen bereits in der niedrigsten Dosierung zu einer leicht erhöhten Inzidenz an neoplastischen Effekten geführt. Diese Dosierung entspricht 13 mg/kg KG. Dieser Wert kann als kanzerogene Effektdosis zur Berechnung eines sog. Margin of Exposure (MOE) herangezogen werden, bei dessen Berechnung dieser durch einen für die Exposition zu errechnenden Wert geteilt wird. Der wissenschaftliche Ausschuss der EFSA (EFSA, 2005b) empfiehlt den MOE-Ansatz als harmonisierte Methode zur Risikobewertung von genotoxischen und kanzerogenen Substanzen, die eventuell in Lebens- und Futtermitteln gefunden werden können. Der Ausschuss der EFSA hob in diesem Zusammenhang gleichzeitig das Gesamtziel hervor, die Aufnahme von solchen Substanzen auf möglichst geringem Niveau zu halten. Liegt der MOE bei 10.000 oder höher, schätzt die EFSA das vorliegende kanzerogene Risiko eher niedrig ein und schlägt vor, diese Substanzen mit geringer Priorität zu behandeln (EFSA, 2005b).

Die für die neun positiven Befunde berichteten Gehalte an Malachitgrün- bzw. Leukomalachitgrün-Rückständen liegen im niedrigen bis mittleren µg/kg-Bereich (maximal bei 180 µg/kg). Selbst bei einer „worst-case"-Berechnung mit einem angenommenen Verzehr von 300 g an Fisch- bzw. Fischprodukten liegt der errechnete Wert für den MOE für die höchsten berechneten Gehalte bei mehr als 10.000. Bei einmaligem oder gelegentlichem Verzehr von Lebensmitteln, die mit Malachitgrün oder Leukomalachitgrün in Konzentrationen im niedrigen bis mittleren µg/kg-Bereich kontaminiert sind, ist das Risiko einer gesundheitlichen Beeinträchtigung somit als sehr gering zu bewerten. Aus Sicht des gesundheitlichen Verbraucherschutzes und in Hinblick auf das Vorsorgeprinzip sind nach Ansicht des BfR Rückstände an Malachitgrün in Nahrungsmitteln für den menschlichen Verzehr auch in geringeren Konzentrationen nicht wünschenswert. Diese Auffassung wird auch durch die Aussagen des wissenschaftlichen Ausschusses der EFSA gestützt, der grundsätzlich der Auffassung ist, dass „… Substanzen, die sowohl genotoxisch als auch kanzerogen sind, an keiner Stelle in der Nahrungsmittelkette den Lebens- und Futtermitteln absichtlich zugesetzt werden sollten. Dies gilt ebenso für Substanzen, die Rückstände hinterlassen können, die sowohl genotoxische als auch kanzerogene Eigenschaften haben könnten …" (EFSA, 2005b).

Sonstige Stoffe und Kontaminanten (B3f)
Im Rahmen des nationalen Rückstandskontrollplans (NRKP) wurden Legehennen gezielt auf Nikotin- und Cotininrückstände hin untersucht. An Federn einer untersuchten Legehenne wurde Nikotin in einer Konzentration von 11,378 mg/kg sowie Cotinin, ein Metabolit von Nikotin, mit einer Konzentration von 0,166 mg/kg gefunden.

Nikotin ist in der Vergangenheit als Schädlingsbekämpfungsmittel in der Landwirtschaft und im Gartenbau, zum Beispiel im Kampf gegen Blattläuse, eingesetzt worden. Eine Zulassung als Pflanzenschutzmittel gibt es in der Bundesrepublik Deutschland jedoch derzeit nicht. Der Einsatz nikotinhaltiger Desinfektionsmittel zur Bekämpfung von Parasiten wie Rotmilben ist in Deutschland derzeit ebenso verboten, wie die Verwendung als Tierarzneimittel (Nikotin ist nicht in die Anlagen I bis II zur VO 2377/90 aufgenommen). Die gefundenen Rückstände an den o.g. Kontaminanten weisen auf eine illegale Anwendung von nikotinhaltigen Desinfektions- und/oder Tierarzneimitteln hin. Da aufgrund der gefundenen Ergebnisse, ein Vorkommen von Nikotin und Cotinin in verzehrsfähigem Gewebe (Fleisch) und in Eiern nicht ausgeschlossen werden kann, wurden weitere 343 Verfolgsproben (43 Eier, 23 Proben von Legehennen [Muskulatur] und 277 Proben von Legehennen [Federn]) auf die genannten Rückstände hin untersucht.

In den untersuchten Verfolgsproben wurden nur geringe Konzentrationen an Nikotin und Cotinin in Eiern und in der Muskulatur der Tiere (Nikotin: Eier: 0,0026 0,0226 mg/kg, Muskulatur: 0,0044-0,0531 mg/kg; Cotinin: Eier: 0,001–0,0111 mg/kg, Muskulatur: 0,0027–0,0047 mg/kg) nachgewiesen. Entsprechend der gesundheitlichen Bewertung des BfR vom 07. April 2006 (Nr. 021/2006) bedeutet der vorübergehende Verzehr von Eiern, die mit Nikotin im Bereich von 3–300 µg Nikotin je kg Vollei belastet sind, keine Gesundheitsgefahr für die Verbraucher und Verbraucherinnen.

Die Konzentrationen an Nikotin in den Federn der untersuchten Tiere reichen von 0,33 bis 1113 mg Nikotin/kg Probe, an Cotinin von 0,058 bis 12,27 mg Cotinin/kg Probe. Die zum Teil sehr hohen Konzentrationen an den genannten Kontaminanten in den untersuchten Proben legen den Verdacht der illegalen Anwendung von nikotinhaltigen Tierarzneimitteln und/oder Desinfektionsmitteln nahe.

Zusammenfassung der Bewertung der Rückstandsbefunde für Stoffe der Gruppe B 3: Zusammenfassend ist festzustellen, dass aus den analysierten Cadmium- und Blei-Gehalten in Niere und/bzw. Leber von Rind, Schwein und Schaf, den PCB-Gehalten bei Wildschwein, Mastschwein, Pferden sowie bei Eiern, und aus den Dioxingehalten in Eiern sowie in der Muskulatur der Legehennen eine unmittelbare Gesundheitsgefährdung des Verbrauchers nicht abgeleitet werden kann. Auch aus den in den tierischen Lebensmitteln analysierten Rückständen an Lindan, α-HCH, β-HCH, p,p'-DDT, p,p'-DDE und Pentachlorphenol lässt sich eine unmittelbare Gesundheitsgefährdung des Verbrauchers nicht ableiten. Was die Befunde des Malachitgrüns betrifft, so ist bei einmaligem oder gelegentlichem Verzehr von Lebensmitteln, die Malachitgrün oder Leukomalachitgrün in den berichteten Konzentrationen enthalten, das Risiko einer gesundheitlichen Beeinträchtigung als sehr gering zu bewerten. Aus Sicht des gesundheitlichen Verbraucherschutzes und in Hinblick auf das Vorsorgeprinzip sind nach Ansicht des BfR Rückstände an Malachitgrün in Nahrungsmitteln für den menschlichen Verzehr auch in geringeren Konzentrationen nicht wünschenswert. Aufgrund der sehr niedrigen Konzentrationen von Nikotin und Cotinin in den untersuchten Lebensmitteln (Eier, Hühnerfleisch) kann ein gesundheitliches Risiko für den Verbraucher ausgeschlossen werden. Grundsätzlich gilt für Nikotin eine Nulltoleranz in Lebensmitteln.

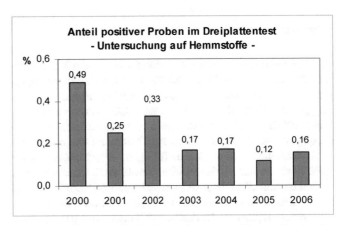

Abb. 2-1 Anteil positiver Proben im Dreiplattentest (Untersuchung auf Hemmstoffe).

2.5

Entwicklung positiver Rückstandsbefunde von 2004 bis 2006

Tab. 2-7 fasst die positiven Rückstandsbefunde aus den Jahren 2004 bis 2006 zusammen. Während bei Rindern, Pferden und Milch die Rückstandsbelastung nahezu gleich geblieben ist, ist bei Schweinen, Schafen, Geflügel, Eiern und Honig ein leichter Anstieg der Befunde zu verzeichnen. Ein Rückgang der Befunde ist bei Wild und Aquakulturen festzustellen. Bei Kaninchen sind seit zwei Jahren keine positiven Ergebnisse mehr zu finden. Absolut gesehen bewegt sich die Rückstandsbelastung auf einem sehr niedrigen Niveau.

Tab. 2-7 Übersicht über positive Rückstandsbefunde im Rahmen des NRKP im Zeitraum 2004 bis 2006.

Tierart/ Erzeugnis	2003			2004			2005		
	Anzahl		in %	Anzahl		in %	Anzahl		in %
	Proben	Positive		Proben	Positive		Proben	Positive	
Rinder	14.921	24	0,16	15.953	25	0,16	14.794	22	0,15
Schweine	21.830	23	0,11	23.071	23	0,10	22.368	31	0,14
Schafe	419	4	0,95	442	1	0,23	499	2	0,40
Pferde	102	1	0,98	134	1	0,75	141	1	0,71
Kaninchen	11	1	9,09	14	–		11	–	
Wild	175	5	2,86	207	8	3,86	222	5	2,25
Geflügel	5.449	4	0,07	6.286	3	0,05	5.525	7	0,13
Aquakulturen	437	10	2,29	563	23	4,09	537	10	1,86
Milch	1.883	–		2.020	2	0,10	1.691	2	0,12
Eier	911	14	1,54	801	3	0,37	622	8	1,29
Honig	176	1	0,57	188	1	0,53	155	2	1,29

2.6
Hemmstoffe

In Deutschland werden nach national geltendem Recht jährlich 2 % aller geschlachteten Kälber und 0,5 % aller sonstigen gewerblich geschlachteten Tiere auf Rückstände untersucht. Ein großer Teil dieser Proben, im Jahr 2006 waren es 248.125, wird mittels Dreiplattentest, einem kostengünstigen mikrobiologischen Screeningverfahren zum Nachweis von antibakteriell wirksamen Stoffen (Hemmstoffe), untersucht. Wie aus der Abb. 2-1 ersichtlich, ist der Anteil an positiven Hemmstofftesten in den letzten vier Jahren des betrachteten Zeitraums in etwa gleich geblieben und liegt bei unter 0,2 %. Während der vergangenen sieben Jahre ist der Positivanteil insgesamt rückläufig.

Obwohl der Gesetzgeber dies nicht explizit vorschreibt, werden mittlerweile die meisten der mittels Dreiplattentest erhobenen positiven Screening-Ergebnisse mit einer so genannten Bestätigungsmethode von den Laboratorien differenziert und quantifiziert. 2006 wurden insgesamt 417 positive Plan- und Verdachtsproben sowie positive Proben aus der bakteriologischen Fleischuntersuchung nachuntersucht. Bei 190 Proben (45,6 %) konnten Rückstände von verbotenen Stoffen bzw. oberhalb von Höchstmengen nachgewiesen werden, in 163 Proben (39,1 %) waren Rückstände unterhalb der Höchstmenge zu finden. Da eine Probe mehrfach belastet sein kann, kann eine Probe in beiden Berechnungen aufgeführt sein. Insgesamt konnte daher bei 272 der Proben (65,2 %) der ursächliche Hemmstoff für den positiven Befund ermittelt werden. Ursache für den positiven Hemmstoffbefund waren am häufigsten Tetracycline und Penicilline gefolgt von Aminoglycosiden. Deutlich weniger wurden Chinolone, Diaminopyrimidine, Sulfonamide und Makrolide gefunden. Einzeln positive Befunde gab es bei Cephalosporinen, Entzündungshemmern und Schwermetallen. Bei Befunden von Entzündungshemmern und Schwermetallen ist anzunehmen, dass es sich hierbei um Nebenbefunde handelt, die nicht die eigentliche Ursache für den positiven Dreiplattentest waren.

2.7
Maßnahmen

2.7.1 Ermittlungen der Ursachen von positiven Rückstandsbefunden

Nach der Richtlinie 96/23/EG sind die Mitgliedstaaten verpflichtet, die Ursachen für positive Rückstandsbefunde zu ermitteln. In Deutschland übernehmen die für die Lebensmittel- bzw. Veterinärüberwachung zuständigen Behörden diese Aufgabe. Die Ursachen für positive Rückstandsbefunde konnten nur in Einzelfällen ermittelt werden. Die positiven Befunde an Leukomalachitgrün sind auf eine nicht sachgerechte Teichdesinfektion beziehungsweise eine unzulässige Behandlung von Fischen oder Fischeiern zurückzuführen. Andere Ursachen waren die Nichteinhaltung von Wartezeiten oder der unsachgemäße Einsatz von Tierarzneimitteln. In einem Fall wurden unzulässige Desinfektionsmittel im Stall angewendet. Auch die nicht sachgerechte Anwendung von Futterzusatzstoffen spielt immer noch eine Rolle.

2.7.2 Maßnahmen nach positiven Rückstandsbefunden

Die Beanstandung von Lebensmitteln mit unerlaubten Rückständen pharmakologisch wirksamer Stoffe erfolgt nach gemeinschaftsrechtlichen Vorgaben. Für die Maßnahmen sind die Länder verantwortlich.

Die Maßnahmen nach dem Nachweis von verbotenen bzw. nicht zugelassenen Stoffen wie Chloramphenicol, Malachitgrün und Phenylbutazon ziehen immer eine Vor-Ort-Überprüfung im Tierbestand einschließlich der Kontrolle von Aufzeichnungen, Überprüfung der tierärztlichen Hausapotheke und Entnahme von weiterer Verfolgsproben, wenn notwendig auch von Futter und Wasser, nach sich. Im Regelfall kam es zur Sperrung der Betriebe bzw. der Verhängung eines Abgabe- und Beförderungsverbotes. Außerdem wurden verstärkte Bestandskontrollen während der nächsten 12 Monate angewiesen. Straf- bzw. Ordnungswidrigkeitenverfahren wurden eingeleitet. In einem Fall wurden Tierkörper und Eier, die mit Nikotin belastet waren, aus dem Verkehr gezogen.

Die Höchstgehaltsüberschreitungen nach der Anwendung von zugelassenen Tierarzneimitteln führten ebenfalls zu Untersuchungen im Herkunftsbetrieb, wie verstärkte Kontrollen, Überprüfung der Aufzeichnungen, Überprüfungen der tierärztlichen Hausapotheken, zusätzliche Probenahmen und Anmeldung von weiteren Tieren, die zur Schlachtung gehen sollen, vorab auf dem Schlachthof. Zum Teil wurden Straf- beziehungsweise Ordnungswidrigkeitenverfahren eingeleitet.

2.8
Zuständige Ministerien

Bund

Bundesministerium für Ernährung, Landwirtschaft und Verbraucherschutz,
Rochusstr. 1
53123 Bonn
Telefax: 0228-529-4262
E-mail: poststelle@bmelv.bund.de

Bundesländer

Ministerium für Ernährung und ländlichen Raum des Landes Baden-Württemberg
Kernerplatz 10
70182 Stuttgart
Telefax: 0711-126-2411
E-Mail: poststelle@mlr.bwl.de

Bayerisches Staatsministerium für Umwelt, Gesundheit und Verbraucherschutz (StMUGV)
Rosenkavalierplatz 2
81925 München
Telefax: 089-9214-2266
E-Mail: poststelle@stmugv.bayern.de

Senatsverwaltung für Gesundheit, Umwelt und Verbraucherschutz
Oranienstr. 106
10969 Berlin
Telefax: 030-9028-2060
E-Mail: poststelle@sengsv.verwalt-berlin.de

Ministerium für ländliche Entwicklung, Umwelt und Verbraucherschutz des Landes Brandenburg
Heinrich-Mann-Allee 103
14473 Potsdam
Telefax: 0331-866-7242
E-Mail: verbraucherschutz@mluv.brandenburg.de

Senator für Arbeit, Frauen, Gesundheit, Jugend und Soziales Freie Hansestadt Bremen
Bahnhofsplatz 29
28195 Bremen
Telefax: 0421-361-4808
E-Mail: veterinärwesen@Gesundheit.Bremen.de

Behörde für Soziales, Familie, Gesundheit undVerbraucherschutz, Lebensmittelsicherheit und Veterinärwesen
Billstraße 36
20539 Hamburg
Telefax: 040-42837-3597
E-Mail: Wolfgang.Simmank@bwg.hamburg.de

Hessisches Ministerium für Umwelt, ländlichen Raum und Verbraucherschutz
Mainzer Str. 80
65187 Wiesbaden
Telefax: 0611-4478-9771
E-Mail: poststelle@hmulv.hessen.de

Ministerium für Landwirtschaft, Umwelt und Verbraucherschutz Mecklenburg Vorpommern
Paulshöher Weg 1
19061 Schwerin
Telefax: 0385-588-6028
E-Mail: c.kadatz@lm.mvnet.de

Niedersächsisches Ministerium für den ländlichen Raum, Ernährung, Landwirtschaft und Verbraucherschutz
Calenberger Str. 2
30169 Hannover
Telefax: 0511-120-2385
E-Mail: poststellen@ml.niedersachsen.de

Ministerium für Umwelt und Naturschutz, Landwirtschaft und Verbraucherschutz des Landes Nordrhein-Westfalen
Schwannstr. 3
40476 Düsseldorf
Telefax: 0211-4566-388
E-Mail: poststelle@munlv.nrw.de

Ministerium für Umwelt, Forsten und Verbraucherschutz (MUFV)
Kaiser-Friedrich-Str. 1
55116 Mainz
Telefax: 06131-16-4608
E-Mail: RP-Hygiene@mufv.rlp.de

Ministerium für Justiz, Gesundheit und Soziales Saarland
Franz-Josef-Röder-Str. 23
66119 Saarbrücken
Telefax: 0681-501-2224
E-Mail: veterinaerwesen@justiz-soziales.saarland.de

Sächsisches Staatsministerium für Soziales
Albertstr. 10
01097 Dresden
Telefax: 0351-564-5770
E-Mail: poststelle@sms.sachsen.de

Ministerium für Gesundheit und Soziales
Turmschanzenstr. 25
39114 Magdeburg
Telefax: 0391-567-4688
E-Mail: lebensmittel@ms.sachsen-anhalt.de

Ministerium für Landwirtschaft, Umwelt und ländliche Räume
Adolf-Westphal-Str. 4
24143 Kiel
Telefax: 0431-988-5246
E-Mail: veterinaerwesen@mlur.landsh.de

Thüringer Ministerium für Soziales, Familie und Gesundheit
Werner-Seelenbinder-Str. 6
99096 Erfurt
Telefax: 0361-379-8850
E-Mail: poststelle@tmsfg.thueringen.de

2.9
Zuständige Untersuchungsämter/akkreditierte Labore

BW	Chemisches und Veterinäruntersuchungsamt Freiburg
	Chemisches und Veterinäruntersuchungsamt Karlsruhe
BY	Bayerisches Landesamt für Gesundheit und Lebensmittelsicherheit
BE	Institut für Lebensmittel, Arzneimittel und Tierseuchen
BB	Landeslabor Brandenburg, Laborbereich Frankfurt (Oder)
HB	Landesuntersuchungsamt für Chemie, Hygiene und Veterinärmedizin
HH	Institut für Hygiene und Umwelt
HE	Hessisches Landeslabor Regierungspräsidium Gießen
MV	Landesamt für Landwirtschaft, Lebensmittelsicherheit und Fischerei Mecklenburg-Vorpommern

NI Niedersächsisches Landesamt für Verbraucherschutz und Lebensmittelsicherheit
Veterinärinstitut für Fische und Fischwaren Cuxhaven
Rückstandskontrolldienst

NW Staatliches Veterinäruntersuchungsamt Krefeld
Chemisches Landes und Staatliches Veterinäruntersuchungsamt Münster
Staatliches Veterinäruntersuchungsamt Arnsberg
Chemisches und Veterinäruntersuchungsamt Ostwestfalen-Lippe

RP Landesuntersuchungsamt Rheinland-Pfalz

SL Landesamt für Soziales, Gesundheit und Verbraucherschutz

SN Landesuntersuchungsanstalt für das Gesundheits- und Veterinärwesen Sachsen

ST Landesamt für Verbraucherschutz

SH Landeslabor Schleswig-Holstein

TH Thüringer Landesamtes für Lebensmittelsicherheit und Verbraucherschutz

2.10
Erläuterung der Fachbegriffe

Anaerobe Bakterien	Bakterien, die ohne Sauerstoff leben
Androgene	Männliche Sexualhormone, die die Entwicklung der männlichen Geschlechtsorgane, der sekundären männlichen Geschlechtsmerkmale (z. B. den typisch männlichen Körperbau), die Reifung der Samenzellen, den Geschlechtstrieb u. a. bewirken.
Bakteriostatisch	das Wachstum von Bakterien hemmend
Bakterizid	Bakterien tötend
Fungizid	pilzabtötend
Genotoxisch	Schädigung des genetischen Zellmaterials
Hormone	Unter Hormonen im engeren Sinne versteht man physiologische Stoffe, die in spezifischen Organen oder Zellverbänden (endokrine Drüsen) gebildet werden, dort in die Blutbahn abgegeben werden und am Erfolgsorgan eine charakteristische Beeinflussung vornehmen. Die Hormonproduktion unterliegt einem Regelkreis, dessen Steuerorgan der Hypothalamus im Zwischenhirn ist.
Insektizid	Insekten tötend
Karzinogen/kanzerogen	Krebs erzeugend
Leukopenie (Leukozytopenie)	Mangel an weißen Blutkörperchen (Leukozyten) im Blut. Ursache kann eine verminderte Bildung durch herabgesetzte Knochenmarkfunktion oder ein erhöhter Verbrauch sein.
MRL	Maximum Residue Limit (Rückstandshöchstmenge)
Mutagen	Mutationen (Erbgutveränderungen) hervorrufend
Parenterale Applikation	Verabreichung z. B. eines Medikamentes unter Umgehung des Magen-Darm-Trakts.
Primäre Geschlechtsmerkmale	Geschlechtsspezifische angeborene Form und Anordnung der äußeren und inneren Geschlechtsorgane.
Protozoen	Tierische Einzeller
Sekundäre Geschlechtsmerkmale	Zum Zeitpunkt der Pubertät entwickelte geschlechtsspezifische Eigenschaften und Einrichtungen wie z. B. Gesäuge, Löwenmähne, Geweih oder auch Sexualverhalten.
Streptomyceten	Bakteriengattung der Actinobacteria. Es handelt sich um gram-positive Keime, die offensichtlich keine krankmachende Wirkung besitzen. Sie kommen hauptsächlich im Boden vor. Die von ihnen gebildeten Geosmine verleihen der Walderde den typischen Geruch.
Sympathomimetika	führen zu einer Erschlaffung der Bronchialmuskulatur und heben damit einen Bronchiospasmus (Verkrampfung der Atemwegsmuskulatur) auf. Weiterhin steigern sie die Flimmerbewegung der Zilien, sodass Schleim leichter aus der Lunge heraustransportiert werden kann.
Teratogen	Missbildungen hervorrufend
Thrombopenie (Thrombozytopenie)	Mangel an Blutplättchen (Thrombozyten) im Blut. Ursache kann eine verminderte Bildung durch herabgesetzte Knochenmarkfunktion bzw. ein erhöhter Abbau oder Verbrauch, beispielsweise infolge von Entzündungen, Infektionskrankheiten oder Tumoren sein.

2.11
Literatur

AFC (2005) Opinion of the AFC Panel to review the toxicology of a number of dyes illegally present in food in the EU. http://www.efsa.europa.eu/en/science/afc/afc_opinions/1127.html.

BfR (2005a) BfR-Stellungnahme 03/2005 vom 17.01.2005. Keine akute Gesundheitsgefahr durch Dioxin-belastete Eier. http://www.bfr.bund.de/cms5w/sixcms/detail.php/5965.

BfR (2005b) BfR entwickelt neues Verzehrsmodell für Kinder (Information Nr. 016/2005 des BfR vom 02.05.2005). http://www.bfr.bund.de.

BfR (2006a) Keine Gesundheitsgefahr durch Nikotinspuren im Hühnerei (Korrigierte Gesundheitliche Bewertung Nr. 021/2006 des BfR vom 7. April 2006). http://www.bfr.bund.de/cm/208/keine_gesundheitsgefahr_durch_nikotinspuren_im_huehnerei%20.pdf.

BfR (2006b) Grenzwerte für die gesundheitliche Bewertung von Pflanzenschutzmittelrückständen (Aktualisierte Information Nr. 002/2006 des BfR vom 16.05.2006). http://www.bfr.bund.de/cm/218/grenzwerte_fuer_die_gesundheitliche_bewertung_von_pflanzenschutzmittelrueckstaenden.pdf.

BfR (2006c) BfR-Berechnungsmodell zur Aufnahme von Pflanzenschutzmittel-Rückständen (Tabellen zur Berechnung der Langzeit- und Kurzzeitaufnahmemengen von Pflanzenschutzmittel-Rückständen durch Kinder vom 10.04.2006). http://www.food-monitor.de/pflanschutzmit/2006juli-bfr-berechnungsmodell-kinder.htm.

BfR (2007a) BfR-Positionspapier zu Nulltoleranzen in Lebens- und Futtermitteln. Information des BfR vom 12. März 2007. http://www.bfr.bund.de/cm/208/nulltoleranzen_in_lebens_und_futtermitteln.pdf.

BfR (2007b) Grenzwerte für die gesundheitliche Bewertung von Pflanzenschutzmittelrückständen (Aktualisierte Information Nr. 002/2007 des BfR vom 04.01.2007. http://www.bfr.bund.de/cm/218/grenzwerte_fuer_die_gesundheitliche_bewertung_von_pflanzenschutzmittelrueckstaenden.pdf.

BgVV (2002a) Gesundheitliche Bewertung von Chloramphenicol (CAP) in Lebensmitteln. Stellungnahme des BgVV vom 10. Juni 2002. http://www.bfr.bund.de/cm/208/gesundheitliche_bewertung_von_chloramphenicol_cap_in_lebensmitteln.pdf.

BgVV (2002b) Nitrofurane in Lebensmitteln. Stellungnahme des BgVV vom 18. Juni 2002. http://www.bfr.bund.de/cm/208/nitrofurane_in_lebensmitteln.pdf.

BgVV (2002c) Gesundheitliche Bewertung von Nitrofuranen in Lebensmitteln. Stellungnahme des BgVV vom 15. Juli 2002. http://www.bfr.bund.de/cm/208/gesundheitliche_bewertung_von_nitrofuranen_in_lebensmitteln.pdf.

Culp, S. J., Blankenship, L. R., Kusewitt, D. F., Doerge, D. R., Mulligan, L. T. und Beland, F. A. (1999) Toxicity and metabolism of malachite green and leucomalachite green during short-term feeding to Fischer 344 rats and B6C3F(1) mice, Chemico-Biological Interactions 122:153–170.

Culp, S. J., Beland, F. A., Heflich, R. H., Benson, R. W., Blankenship, L. R., Webb, P. J., Mellick, P. W., Trotter, R. W., Shelton, S. D., Greenlees, K. J. und Manjanatha, M. G. (2002) Mutagenicity and carcinogenicity in relation to DNA adduct formation in rats fed leucomalachite green, Mut. Res. – Fundamental and Molecular Mechanisms of Mutagenesis 506:55–63.

Culp, S. J., Mellick, P. W., Trotter, R. W., Greenlees, K. J., Kodell, R. L. und Belang, F. A. (2006) Carcinogenicity of malachite green chloride and leucomalachite green in B6C3F1 mice and F344 rats. Food Chem Toxicol 44:1204–1212.

De Angelis, I., Albo, A. G., Nebbia, C. und Stammati, A. (2003) Cytotoxic effects of malachite green in two human cell lines. Toxicol Lett 144:58.

DFG (1982) Hexachlorcyclohexan-Kontamination -Ursachen, Situation und Bewertung. Kommission zur Prüfung von Rückständen in Lebensmitteln, Mitteilung IX, H. Boldt Verlag, Boppard.

DGAUM, Leitlinien der Deutschen Gesellschaft für Arbeitsmedizin und Umweltmedizin e. V. (DGAUM) http://www.uni-duesseldorf.de/AWMF/ll/002-022.htm.

EFSA (2005a) Gutachten des Wissenschaftlichen Gremiums AFC über das Vorkommen von Semicarbazid (SEM) in Lebensmitteln. http://www.efsa.europa.eu/de/science/afc/afc_opinions/1005.html.

EFSA (2005b) Gutachten des Wissenschaftlichen Ausschusses auf Ersuchen der EFSA in Bezug auf einen harmonisierten Ansatz für die Risikobewertung von Substanzen mit genotoxischen und kanzerogenen Eigenschaften. http://www.efsa.europa.eu/science/sc_commitee/sc_opinions/1201_de.html.

EFSA (2007) Gutachten des Wissenschaftlichen Gremiums für Kontaminanten in der Lebensmittelkette auf Ersuchen der Europäischen Kommission bezüglich Hormonrückstände in Rindfleisch und Rindfleischerzeugnissen; Frage Nr. EFSA-Q-2005-048, angenommen am 12. Juni 2007. EFSA J 510:1–62.

EMEA (1997) Metronidazole, Summary Report. Dokument der Europaean Agency for the Evaluation of Medicinal Products (EMEA). http://www.emea.eu.int/pdfs/vet/mrls/017396en.pdf.

EMEA (1999) Committee for veterinary medicinal products. Marbofloxacin. Summary report (2). http://www.emea.europa.eu/pdfs/vet/mrls/069399en.pdf.

EMEA (2002) Committee for veterinary medicinal products. Enrofloxacin (Extension to all food producing species). Summary report (5). http://www.emea.europa.eu/pdfs/vet/mrls/082002en.pdf.

FEEDAP (2003) Opinion of the Scientific Panel on Additives and Products or Substances used in Animal Feed on the request from the Commission on the efficacy and safety of the coccidiostat Koffogran (Question N°EFSA-Q-2003-041). Adopted on 3 December 2003. EFSA J 16:1–40.

Fessard, V., Godard, T., Huet, S., Mourot, A. und Poul, J. M. (1999). Mutagenicity of malachite green and leucomalachite green in in vitro tests. J Appl Toxicol 19:421–430.

GfA, http://www.gfa-ms.de/index.htm.

Gupta, S., Sundarrajan, M. und Rao K. V. K. (2003) Tumor promotion by metanil yellow and malachite green during rat hepatocarcinogenesis is associated with dysregulated expression of cell cycle regulatory proteins. Teratogenesis, Carcinogenesis and Mutagenesis 1:301–312.

Helwig, O. und Otto, H.-H. (2005) Arzneimittel. 10. Aufl., 3. Erg.-Lfg.

IDEA AG, http://www.idea-ag.de/web/de/index.html.

Institut für Biochemie Köln, http://www.dshs-koeln.de/biochemie/rubriken/00_home/00_zer.html.

JECFA (1998) Toxicological evaluation of certain veterinary drug residues in food. WHO Food Additives Series 41. WHO, Geneva. http://www.inchem.org/documents/jecfa/jecmono/v041je10.htm.

JECFA (2004) Evaluation of certain food additives and contaminants. WHO Technical Report Series Nr. 922, WHO Geneva.

JMPR (1998) Ethoxyquin. First draft prepared by I. Dewhurst, http://www.inchem.org/documents/jmpr/jmpmono/v098pr09.htm.

JMPR (2002) Pesticide residues in food – 2002. Report of the Joint Meeting of the FAO Panel of Experts on Pesticide Residues in Food and the Environment and the WHO Core Assessment Group on Pesticide Residues. Rome, Italy, 16–25 September 2002. FAO Plant Production and Protection Paper 172. FAO Rome December 2002. http://www.fao.org/ag/AGP/AGPP/Pesticid/JMPR/Download/2002_rep/2002JMPRReport2.pdf.

JMPR (2005) Ethoxyquin. In: Pesticide residues in Food. Part II – Toxicology.

Kennedy, D. G., Hughes, P. J. und Blanchflower, W. J. (1998) Ionophore residues in eggs in Northern Ireland: incidence and cause. Food Additives and Contaminants 15:535–541.

Kommission „Human-Biomonitoring" des Umweltbundesamtes (1998) Stoffmonographie Cadmium, Bundesgesundhbl 41:218–226.

Löscher, W., Ungemach, F.-R. und Kroker, R. (2006) Pharmakotherapie bei Haus- und Nutztieren, 7. Aufl. Parey Verlag, Berlin.

Macholz, R. und Lewerenz, H.-J. (1989) Lebensmitteltoxikologie. Springer-Verlag Berlin, Heidelberg, New York, London, Paris, Tokio.

Mahudawala, D. M., Redkar, A. A., Wagh, A., Gladstone, B. und Rao, K. V., (1999) Malignant transformation of Syrian hamster embryo (SHE) cells in culture by malachite green: an agent of environmental importance. Indian J Exp Biol 37:904–918.

Manjanatha, M. G., Shelton, S. D., Bishop, M., Shaddock, J. G., Dobrovolsky, V. N., Helfich, R. H., Webb, P. J., Blankenship, L. R., Belang, F. A., Greenless, K. J. und Culp, S. J. (2004) Analysis of mutations and bone marrow micronuclei in Big Blue ® rats fed leucomalachite green. Mutation research-Fundamental and Molecular Mechanism of Mutagenesis 547:5–18.

Meyers Lexikon online, http://lexikon.meyers.de/meyers/Meyers-Meyers_Lexikon_online.

Mittelstaedt, R. A., Mei, N., Webb, P. J., Shaddock, J. G., Dobrovolsky, V. N., McGarrity, L. J., Morris, S. M., Chen, T., Beland, F. A., Greenlees, K. J. und Heflich, R. H. (2004) Genotoxicity of malachite green and leucomalachite green in Female Big Blue B6C3F1 Mice. Mutation Res 561:127–138.

NTP (2005) TR-527 Toxicology and Carcinogenesis Studies of Malachite Green Chloride and Leucomalachite Green (CAS Nos. 569-64-2 and 129-73-7) in F344/N Rats and B6C3F1 Mice (Feed Studies). http://ntp-apps.niehs.nih.gov/ntp_tox/index.cfm.

Panandiker, A., Fernandes, C., Rao, T. K. G. und Rao, K. V. K. (1993) Morphological Transformation of Syrian-hamster embryo cells in primary culture by malachite green correlates well with the evidence for formation of reactive free-radicals. Cancer Lett 74:31–36.

Römpp (1989) Chemielexikon; Bd. 1, S. 542, 9. Aufl., Georg Thieme Verlag, Stuttgart.

Schneider, K., Hafner, C. und Jäger, I. (2004) Mutagenicity of textile dye products. J Appl Toxicol 24:83–91.

Stammati, A., Nebbia, C., De Angelis, I., Albo, A. G., Carletti, M., Ribecchi, C., Zampaglioni, F. und Da casto, M. (2005) Effects of malachite green (MG) and its major metabolite, leucomalachite green (LMG), in two human cell lines. Toxicol in Vitro, 19:853-858.

Sundarajan, M., Fernandis, A. Z., Subrahmanyam, G., Prabhudesai, S., Krishnamurthy, S. C. und Rao, K. V. K. (2000) Overexpression of G1/S cyclins and PCNA and their relationship to tyrosine phosphorylation and dephosphorylation during tumor promotion by metanil yellow and malachite green. Toxicol Lett 116:119-130.

Umweltbundesamt, http://www.umweltbundesamt.de/uba-info-daten/daten/quecksilber.htm; http://www.env-it.de/umweltdaten/public/theme.do?nodeIdent=2885.

http://www.umweltbundesamt.de/uba-info-daten/daten/cadmium.htm.

Umweltdatenbank, http://www.umweltdatenbank.de/lexikon/cadmium.htm.

Umwelt-Lexikon, http://www.umweltdatenbank.de/lexikon/blei.htm.

VIS – Verbraucherinformationssystem Bayern, Hrsg.: Bayerisches Staatsministerium für Umwelt, Gesundheit und Verbraucherschutz, http://www.vis-ernaehrung.bayern.de/de/left/fachinformationen/verbraucherschutz/unerwuenschte_stoffe/mykotoxine.htm.

Wiesner, E. und Ribbeck, R. (2000) Lexikon der Veterinärmedizin. Enke im Hippokrates Verlag GmbH, Stuttgart.

Wikipedia, http://de.wikipedia.org/wiki/Hauptseite.

3 Bericht zum Schnellwarnsystem

3.1
Einleitung

Nach der Verwirklichung des Binnenmarktes und des damit einhergehenden freien Warenverkehrs innerhalb der Europäischen Union (EU) wurde eine bessere Koordinierung von amtlichen Überwachungsmaßnahmen in den Bereichen Produkt- und Lebensmittelsicherheit notwendig. Damit soll vermieden werden, dass Produkte, von denen ein mittelbares oder unmittelbares Risiko für die menschliche Gesundheit ausgeht, auf den Markt gelangen. Die Voraussetzung hierfür ist ein rascher und effizienter Informationsaustausch der zuständigen Behörden aller Mitgliedstaaten mit Hilfe moderner Kommunikationstechniken. Die Europäische Kommission hat daher auf dem Gebiet des Verbraucherschutzes mehrere Schnellwarnsysteme für den behördeninternen Informationsaustausch eingerichtet.

Dem Bundesamt für Verbraucherschutz und Lebensmittelsicherheit (BVL) wurde im Jahre 2003 die Funktion der nationalen Kontaktstelle für das Schnellwarnsystem RASFF („Rapid Alert System for Food and Feed") per Verordnung übertragen. Das RASFF ist eine effektive und schnelle Plattform für den Austausch von Informationen über nicht sichere Lebens- und Futtermittel sowie Bedarfsgegenstände mit Lebensmittelkontakt. Beteiligt an diesem Schnellwarnsystem sind insgesamt 30 Lebensmittelüberwachungsbehörden der EU und der EFTA. Betrieben wird es von der Europäischen Kommission innerhalb der Generaldirektion Gesundheit und Verbraucherschutz. Die Rechtsgrundlage des Schnellwarnsystem RASFF ist der Artikel 50 der Verordnung (EG) Nr. 178/2002. Das BVL hat als Kontaktstelle des RASFF die Aufgabe, Schnellwarnmeldungen der Länder zu prüfen und an die EU Kommission weiterzuleiten („Upstream"-Verfahren) und Meldungen aus anderen Mitgliedstaaten der EU an die Länder zu übermitteln („Downstream"-Verfahren).

Darüber hinaus werden regelmäßig Auswertungen erstellt, welche den zuständigen Behörden von Bund und Ländern Hinweise für ihre Schwerpunktsetzung bei der Lebens- und Futtermittelüberwachung liefern. Da eine ständige Erreichbarkeit der nationalen Kontaktstellen des Schnellwarnsystems RASFF erforderlich ist, wurde im BVL über die regelmäßige Arbeitszeit hinaus eine 24-stündige Rufbereitschaft eingerichtet.

Die Informationen aus dem Schnellwarnsystem sind häufig Anlass für größere Rückrufaktionen beim Handel, im Einzelfall auch bei den Verbrauchern. Je nach Art und Ausmaß des Problems, die einer Warnmeldung zu Grunde liegt, müssen von Seiten der amtlichen Überwachungsbehörden unverzüglich Maßnahmen getroffen werden. Daher wurde im BVL schon frühzeitig die Notwendigkeit einer engen Verzahnung des Schnellwarnsystems mit dem Krisenmanagement erkannt und die beiden Sachgebiete in einem Referat zusammengeführt.

Grundlagen für die Meldekriterien sind die jeweils aktuelle europäische und ggf. nationale Gesetzgebung. In der im Dezember 2005 veröffentlichten „AVV Schnellwarnsystem" wurden zusätzlich detaillierte Kriterien zur Sicherstellung einer einheitlichen Meldepraxis der deutschen Überwachungsbehörden festgelegt.

3.2
Meldewege und Meldekriterien

3.2.1 Meldungen aus Deutschland an die Europäische Kommission („Upstream"-Verfahren)

Bei einer mittelbaren oder unmittelbaren Gefahr für die menschliche Gesundheit, die von Lebensmitteln oder Futtermitteln und von Bedarfsgegenständen mit Lebensmittelkontakt ausgeht, unterrichtet das jeweilige Land das BVL (Abb. 3-1). Die Meldungen werden grundsätzlich von den zuständigen Behörden der Länder erstellt. Durch die Verwendung standardisierter Formulare, nach der Vorgabe der EU-Kommission, ist sichergestellt, dass alle Meldungen EU-weit in gleicher Weise abgegeben und entsprechend effizient bearbeitet werden können. Die Meldungen enthalten Informationen zur Art des Pro-

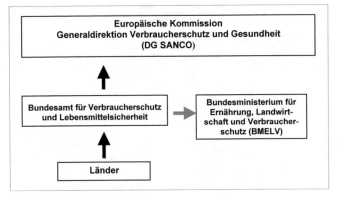

Abb. 3-1 Das „Upstream"-Verfahren des Schnellwarnsystems „Rapid Alert System for Food and Feed" (RASFF).

dukts, zur Herkunft, zur Gefahr, zu den getroffenen Maßnahmen und zu den Vertriebswegen. Die zuständigen Behörden der Länder übermitteln dem BVL die Meldungen per E-Mail oder im Ausnahmefall als Fax.

Das BVL überprüft alle über das System eingehenden Meldungen vor der Weiterleitung an die Europäische Kommission auf Vollständigkeit, Richtigkeit und Erfüllung der Kriterien. Fehlende oder fehlerhafte Angaben werden nach Rücksprache mit der zuständigen Behörde des meldenden Landes durch das Bundesamt ergänzt bzw. korrigiert.

Das BVL übermittelt der Europäischen Kommission die Meldungen und Anlagen wie z. B. Analysengutachten oder Vertriebslisten (Abb. 3-1). Die Mitteilung erfolgt nachrichtlich an das Bundesministerium für Ernährung, Landwirtschaft und Verbraucherschutz (BMELV) sowie an das Land, das die Meldung erstellt hat. Bei Meldungen außerhalb der regulären Arbeitszeiten wird dies der Europäischen Kommission zeitnah telefonisch angekündigt.

3.2.2 Meldungen von der Europäischen Kommission an die Mitgliedstaaten der EU und EFTA („Downstream"-Verfahren)

Von der Europäischen Kommission werden Meldungen über mittelbare oder unmittelbare Gefahren für die menschliche Gesundheit, die von Lebensmitteln oder Futtermitteln ausgehen, nach der Übersetzung und einer Einstufung als Warn- oder Informationsmeldung an alle Kontaktstellen in den Mitgliedsstaaten übermittelt (Abb. 3-2). Zusätzlich sind diese Meldungen jederzeit in einer Datenbank abrufbar; auf diese Datenbank haben aus Datenschutz- und Wettbewerbsgründen nur Behörden Zugriff.

Das BVL ist als nationale Kontaktstelle für das Schnellwarnsystem für die Weiterleitung der Meldungen an die zuständigen Behörden in Deutschland zuständig. Zur Arbeitserleichterung werden vom BVL die Kerninhalte der Meldungen in deutscher Sprache zusammengefasst. Zur Einordnung der Meldungen werden zudem schnell erkennbare Hinweise aufgenommen, wenn Deutschland betroffen ist und/oder eine Anfrage an Deutschland gerichtet ist. Bei Eingang einer Meldung

außerhalb der regulären Arbeitszeiten wird diese den betroffenen Ländern zeitnah telefonisch angekündigt.

Hauptadressaten für die Meldungen sind die für die Lebensmittelüberwachung zuständigen obersten Überwachungsbehörden der Länder und das Bundesministerium für Verteidigung (BMVg). Nachrichtlich werden die Einzelmeldungen an verschiedene Bundesministerien bzw. -behörden, wie das Bundesinstitut für Risikobewertung (BfR) und das Robert-Koch-Institut (RKI), weitergeleitet. Außerdem veröffentlicht das BVL täglich anonymisierte Zusammenfassungen aus dem Schnellwarnsystem RASFF auf seinen Internetseiten.

3.2.3 Meldekriterien für „Upstream"-Meldungen

Grundsätzlich sollen die Mitgliedsstaaten Meldungen im Rahmen des Schnellwarnsystems für Lebensmittel und Futtermittel (RASFF) übermitteln, wenn Lebensmittel, Futtermittel oder Bedarfsgegenstände mit Lebensmittelkontakt im Verdacht stehen, dass von ihnen ein ernstes mittelbares oder unmittelbares Risiko für die menschliche Gesundheit ausgeht. Diese Meldekriterien sind nicht statisch, sondern passen sich ständig der aktuellen Rechtslage und dem Stand der Wissenschaft an. Das sogenannte „Arbeitsdokument für Meldungen im Rahmen des Schnellwarnsystems" legt die allgemeinen Prinzipien für das Senden von Meldungen sowie die Behandlung von Spezialfällen fest (Working Document „Criteria for notification to the RASFF" der Europäischen Kommission). Darauf aufbauend wurden in einer Allgemeinen Verwaltungsvorschrift (AVV), die im Dezember 2005 in Kraft getreten ist, detaillierte Kriterien zur Sicherstellung einer einheitlichen Meldepraxis der deutschen Überwachungsbehörden festgelegt. Voraussichtlich Ende 2007 wird auf EU-Ebene eine Leitlinie zur Durchführung des Schnellwarnsystems veröffentlicht, die europaweit eine einheitliche Meldepraxis sicherstellen soll.

Erhält das BVL Meldungen, die Informationen über bisher nicht bekannte Risiken für die menschliche Gesundheit zum Inhalt haben, so wird vor der Einstellung dieser Meldungen in das Schnellwarnsystem das BfR um eine Bewertung gebeten. Auf der Basis dieser Bewertung entscheidet daraufhin das BVL, ob eine Information über das Schnellwarnsystem erfolgt oder nicht.

3.2.4 Art der Meldungen

3.2.4.1 Warnmeldungen

Warnmeldungen (Alert notifications) betreffen Lebens- oder Futtermittel, von denen ein Risiko für die menschliche Gesundheit ausgeht und die sich in einem der am Netz beteiligten Staaten in Verkehr befinden. Es besteht ein unmittelbarer Handlungsbedarf. Das BVL informiert gegebenenfalls die Presse, falls risikobehaftete Produkte bereits in Verkehr gebracht wurden. Die Warnmeldung im Schnellwarnsystem wird von dem Land herausgegeben, das für den jeweiligen Hersteller oder Importeur zuständig ist. Aufgrund der Warnmeldungen, die Deutschland betreffen, werden von den Herstellern oder Importeuren Rückrufaktionen oder Rücknahmen vom Markt

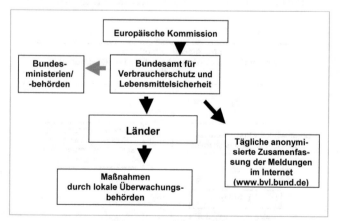

Abb. 3-2 Das „Downstream"-Verfahren des Schnellwarnsystems „Rapid Alert System for Food and Feed" (RASFF).

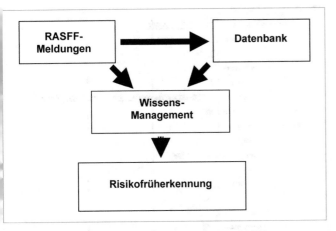

Abb. 3-3 Datenmanagement im Schnellwarnsystem RASFF.

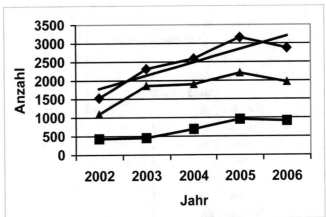

Abb. 3-4 Vergleichende Darstellung der Anzahl der Warn- und Informationsmeldungen in den EU-Mitgliedsstaaten in den Jahren 2002 bis 2006. (RASFF-Meldungen (gesamt) = obere Linie; RASFF-Informationsmeldungen = mittlere Linie; RASFF-Warnmeldungen = untere Linie).

beim Handel eingeleitet, die von den zuständigen unteren Verwaltungsbehörden überwacht werden. Befindet sich die betroffene Ware bereits beim Verbraucher, wird eine Warnung der Öffentlichkeit, zum Beispiel in Form einer Pressemitteilung, durch den Hersteller beziehungsweise Importeur oder die zuständige oberste Landesbehörde veranlasst. In Einzelfällen informiert das BVL über Presseinformationen die Öffentlichkeit. Über das Ergebnis von Rückrufaktionen werden die anderen Mitgliedstaaten in Folgemeldungen informiert.

3.2.4.2 Informationsmeldungen

Informationsmeldungen (Information notifications) beziehen sich auf Lebens- oder Futtermittel, von denen ein Risiko für die menschliche Gesundheit ausgeht. Da sich das Lebensmittel oder Futtermittel in keinem der am Netz beteiligten Staaten oder nur im meldenden Staat im Verkehr befindet, besteht jedoch kein unmittelbarer Handlungsbedarf. Informationsmeldungen beziehen sich vielfach auf Produkte, die an der EU-Außengrenze geprüft und abgewiesen werden.

3.2.4.3 Nachrichten

Als Nachricht (News) werden alle Meldungen bezeichnet, die Informationen zur Sicherheit von Lebens- oder Futtermitteln beinhalten. Es handelt sich hierbei um Informationen, die als bedeutsam für die Lebensmittel- oder Futtermittelüberwachung der am Netz beteiligten Staaten eingestuft werden.

3.2.4.4 Erstmeldungen und Folgemeldungen

Mit Folgemeldung werden zusätzliche Informationen bezeichnet, welche die Informationen aus einer Warn- oder Informationsmeldung (Erstmeldung) ergänzen oder aktualisieren. Sie können anhand der Nummerierung eindeutig einer Originalmeldung zugeordnet werden.

3.2.5 Datenmanagement im Schnellwarnsystem RASFF

Alle im „Downstream"-Verfahren im Laufe eines Tages erhaltenen Meldungen fasst das BVL in Tagesberichten zusammen. Diese Tagesberichte werden täglich in das Fachinformationssystem (FIS-VL) eingestellt und bieten den Landesbehörden

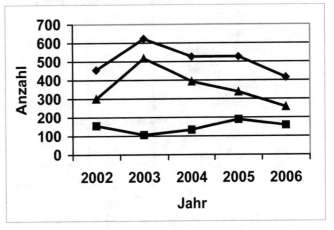

Abb. 3-5 Vergleichende Darstellung der Anzahl der Warn- und Informationsmeldungen in der Bundesrepublik Deutschland in den Jahren 2002 bis 2006. (RASFF-Meldungen (gesamt) = obere Linie; RASFF-Informationsmeldungen = mittlere Linie; RASFF-Warnmeldungen = untere Linie).

für Lebensmittelsicherheit wichtige Anhaltspunkte für die Schwerpunktsetzung bei der Kontroll- und Überwachungsarbeit. Außerdem werden die Tagesberichte in anonymisierter Form für Wirtschaft und Verbraucher sowie für weitere interessierte Kreise (u. a. Giftnotrufzentralen) auf der Internetseite des BVL veröffentlicht. Da Transparenz und der Schutz von Handelsinformationen gegeneinander abgewogen werden müssen, bleiben Handelsnamen und Produkthersteller gegenüber diesen Gruppen ungenannt. Dadurch wird der Verbraucherschutz nicht beeinträchtigt, denn eine Warnung über das Schnellwarnsystem für Lebens- und Futtermittel bedeutet, dass bereits Maßnahmen getroffen wurden oder werden. Konnten Produkte, von denen ein schwer wiegendes Risiko für die Gesundheit der Verbraucher ausgeht, nicht zurückgerufen werden, kann auch von dieser Regelung abgewichen werden.

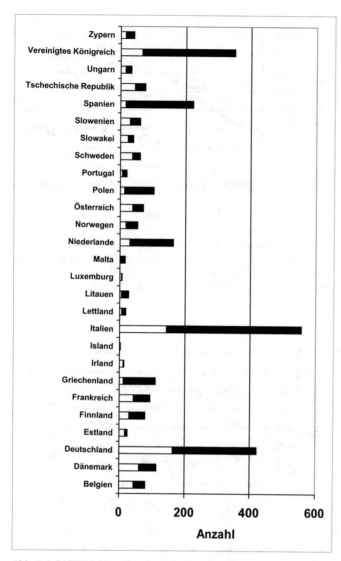

Abb. 3-6 RASFF-Meldeaufkommen der EU-Mitgliedstaaten im Jahr 2006 (weißer Balkenanteil = RASFF-Warnmeldungen; schwarzer Balkenanteil = RASFF-Informationsmeldungen).

Zukünftig sollen alle Informationen aus den Schnellwarnmeldungen automatisch in eine Datenbank übertragen werden. Neben der Archivierung der Meldungen und dazugehöriger Informationen wird die Vorgangsbearbeitung durch die Prozessbeteiligten im Schnellwarnsystem ein wesentlicher Bestandteil der neuen Datenbank sein.

Diese Datenbank soll zusätzlich eine schnelle und übersichtliche Auswertungsmöglichkeit bieten und kann sich zu einem wirksamen Instrument der Risikofrüherkennung und damit der Vermeidung von Gefahren für die menschliche Gesundheit entwickeln (Abb. 3-3).

3.2.6 Wöchentliche Berichte der EU-Kommission zum Schnellwarnsystem RASFF

Seit Ende Mai 2003 veröffentlicht die Generaldirektion für Verbraucherschutz und Gesundheit der Europäischen Kommissi-

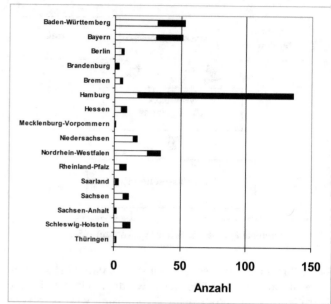

Abb. 3-7 RASFF-Meldeaufkommen der Länder im Jahr 2006 (weißer Balkenanteil = Warnmeldungen; schwarzer Balkenanteil = Informationsmeldungen).

on wöchentlich eine Zusammenfassung der Schnellwarnmeldungen aus allen Mitgliedsländern in anonymisierter Form. Genannt werden die Art des Produkts und das festgestellte Problem, der Ursprung des Produkts sowie der meldende Mitgliedstaat. Die wöchentlichen Zusammenfassungen können im Internet abgerufen werden unter: http://ec.europa.eu/food/food/rapidalert/index_en.htm

3.3 Meldungen im Jahr 2006

Im Jahr 2006 wurden insgesamt 2874 Originalmeldungen in das RASFF eingestellt, die sich in 912 Warn- und 1962 Informationsmeldungen aufteilen. Damit ist zum ersten Mal in der Geschichte des RASFF das Gesamtmeldeaufkommen in der EU im Vergleich zum Vorjahr leicht gesunken (Abb. 3-4). Seit dem Jahr 2002 war eine deutliche Zunahme der RASFF-Meldungen zu verzeichnen. Dies war neben der Erweiterung der EU um zehn Mitgliedstaaten im Jahr 2004 auf Verbesserungen in der Lebensmittelüberwachung wie auch auf risikoorientierte Probennahmen zurückzuführen.

Die Anzahl der von der Bundesrepublik Deutschland erstellten RASFF-Meldungen ist im Vergleich zu den vorangegangenen Jahren zurückgegangen (Abb. 3-5). Deutschland liegt mit 415 eingestellten RASFF-Meldungen im europäischen Vergleich an zweiter Stelle hinter Italien (556 RASFF-Meldungen) (Abb. 3-6), gefolgt von dem Vereinigten Königreich (351 RASFF-Meldungen), Spanien (223 RASFF-Meldungen) sowie den Niederlanden (163 RASFF-Meldungen).

Innerhalb der Bundesrepublik Deutschland hat das Bundesland Hamburg im Berichtsjahr 2006 am häufigsten RASFF-Meldungen eingestellt, mit einigem Abstand gefolgt von Ba-

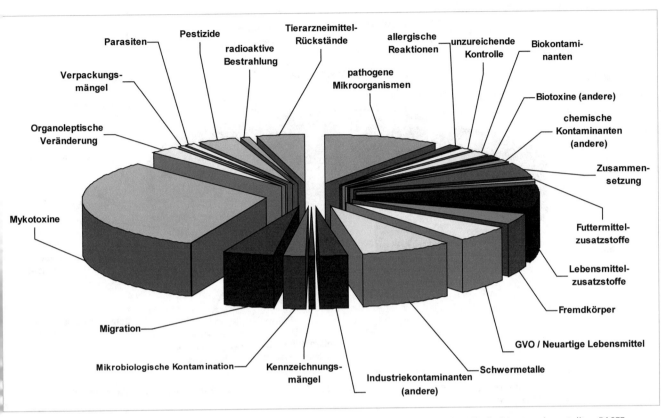

Parasiten
Pestizide
radioaktive Bestrahlung
Tierarzneimittel-Rückstände
allergische Reaktionen
unzureichende Kontrolle
Biokontami-nanten
Verpackungs-mängel
pathogene Mikroorganismen
Biotoxine (andere)
chemische Kontaminanten (andere)
Organoleptische Veränderung
Zusammen-setzung
Mykotoxine
Futtermittel-zusatzstoffe
Lebensmittel-zusatzstoffe
Fremdkörper
Migration
GVO / Neuartige Lebensmittel
Mikrobiologische Kontamination
Kennzeichnungs-mängel
Industriekontaminanten (andere)
Schwermetalle

Abb. 3-8 Prozentualer Anteil der verschiedenen Beanstandungsgründe auf die im Jahr 2006 von den EU-Mitgliedstaaten eingestellten RASFF-Meldungen (Weitere Erläuterungen im Text).

den-Württemberg, Bayern und Nordrhein-Westfalen (Abb. 3-7). Mutmaßlich sind für diese Unterschiede zwischen den vier genannten und den übrigen Ländern mehrere Faktoren verantwortlich. Von Bedeutung kann in diesem Zusammenhang die geographische Lage als importierendes Land sein – z. B. mit großem Hafen oder Flughafen – ebenso wie möglicherweise die Präferenz für einige Waren oder Warengruppen für bestimmte Importwege aufgrund der dort vorgehaltenen notwendigen Infrastruktur (z. B. Speicheranlagen, spezielle Mühlen usw.).

Im Jahr 2006 wurden von den EU-Mitgliedsstaaten insgesamt 2874 RASFF-Meldungen eingestellt. Die Beanstandungsgründe betrafen die verschiedenen Warengruppen in durchaus charakteristischer Weise. So wird einerseits überaus deutlich, dass die Beanstandungen wegen Mykotoxinen (820 RASFF-Meldungen), pathogenen Mikroorganismen (293 RASFF-Meldungen), Lebensmittelzusatzstoffen (237 RASFF-Meldungen) sowie Schwermetallbelastung (229 RASFF-Meldungen) quantitativ überwogen (Abb. 3-8), dass sich aber anderseits diese Beanstandungen sehr unterschiedlich auf mehrere bzw. nur wenige Warengruppen bezogen. So wurden beispielsweise Beanstandungen wegen pathogener Mikroorganismen hauptsächlich auf folgende Warengruppen erhoben: Fleisch (außer Geflügel) [120 RASFF-Meldungen], Geflügelfleisch [55 RASFF-Meldungen], Milch und Milchprodukte [69 RASFF-Meldungen], Fisch und Fischereiprodukte [55 RASFF-Meldungen], Krustentiere [2 RASFF-Meldungen], Weichtiere [35 RASFF-Meldungen], Obst und Gemüse [25 RASFF-Meldungen], Kräuter und Gewürze [32 RASFF-Meldungen] sowie Futtermittel [72 RASFF-Meldungen].

Ganz anders sieht es dagegen zum Beispiel bei dem Beanstandungsgrund „Mykotoxine" aus (820 RASFF-Meldungen). In diesem Fall sind hauptsächlich nur die drei Warengruppen Nussprodukte und Snacks (639 RASFF-Meldungen), Obst und Gemüse (49 RASFF-Meldungen) sowie Kräuter und Gewürze (33 RASFF-Meldungen) betroffen. Ähnlich sieht es beim Beanstandungsgrund „Pestizide" aus (88 RASFF-Meldungen), wo im Wesentlichen nur die Warengruppe Obst und Gemüse betroffen war (65 RASFF-Meldungen).

Im Vergleich zu diesen Befunden aus der EU zeigen die aus dem „Upstream"-Verfahren resultierenden RASFF-Meldungen in der Bundesrepublik Deutschland Übereinstimmungen und Unterschiede gleichermaßen. Auch hier dominieren die Beanstandungsgründe „Mykotoxine" (181 RASFF-Meldungen) und „chemische Kontamination" (62 RASFF-Meldungen) (Abb. 3-9). Doch die Bedeutung aller weiteren Beanstandungsgründe war innerhalb der Bundesrepublik Deutschland weit weniger ausschlaggebend als in anderen Mitgliedstaaten (Abb. 3-8).

Im Folgenden soll auf einige ausgewählte Warengruppen bzw. Beanstandungsgründe näher eingegangen werden, um diese hier gegebene erste Übersicht weiter zu differenzieren.

3.3.1 Aflatoxine und Ochratoxine in Nüssen und Trockenfrüchten

Schon vor der Ernte, aber auch während der Lagerung und des Transports sind vor allem Nüsse, Ölsaaten, Gewürze so-

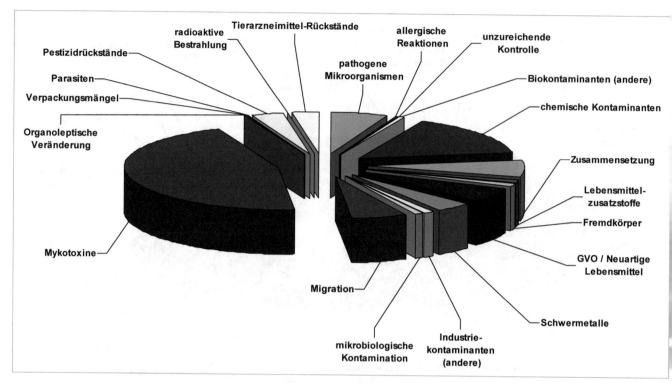

Abb. 3-9 Prozentualer Anteil der verschiedenen Beanstandungsgründe auf die im Jahr 2006 von der Bundesrepublik Deutschland eingestellten RASFF-Meldungen (Weitere Erläuterungen im Text).

wie Getreide und Getreideprodukte zahlreichen Mikropilzen (Schimmelpilze und Hefen) ausgesetzt. Die von diesen Pilzen produzierten Gifte (Mykotoxine)[4] können bei Menschen und Tieren Erkrankungen verursachen. Als Mykotoxine wird eine Gruppe giftiger Stoffwechselprodukte bezeichnet, mit denen Pilze ihre Sporen bei der Keimung vor dem Befall durch Mikroorganismen schützen. Ein von Mikropilzen produziertes Gift, das Aflatoxin, wirkt nicht nur akut toxisch, sondern gilt auch als in hohem Maße krebserregend. Insbesondere hat Aflatoxin B_1 eine hohe akute Toxizität.

Aflatoxine sind weitgehend hitzestabil und werden daher auch bei Verarbeitungsschritten in der Regel nicht zerstört. Folglich darf verschimmelte Ware grundsätzlich nicht verarbeitet werden. Auch eine Verfütterung von verschimmelter Ware an Nutztiere ist problematisch, da Mykotoxine z. B. über Milch oder andere tierische Produkte in die menschliche Nahrung gelangen können.

Im Jahr 2006 wurden insgesamt 820 Originalmeldungen zu diesem Thema in das RASFF eingestellt. Damit ist ein deutlicher Abwärtstrend im Vergleich zum Vorjahr zu erkennen. Ein Großteil dieser Meldungen sind Rückweisungen an den Grenzkontrollstellen. Deutschland hat hierbei einen Meldeanteil von 22 %. Meist stammen die beanstandeten Erzeugnisse aus dem Iran, der Türkei oder China. Über die Rückweisung von mit Aflatoxinen belasteten Produkten an den EU-Außen-

grenzen wird über das Schnellwarnsystem informiert, so dass Lebensmittelüberwachungsbehörden und Zollstellen in die Lage versetzt werden, möglicherweise mit Aflatoxinen belasteten Produkten besondere Aufmerksam zu widmen.

3.3.2 Schwermetalle in Fisch und Fischerzeugnissen

Das Vorkommen von Schwermetallen in Gewässern und damit auch im Fisch hat verschiedene Ursachen. Die Schwermetalle Quecksilber und Cadmium kommen gelöst im Wasser der Ozeane vor. Sie sind teilweise natürlichen Ursprungs und stammen dann aus verschiedenen geologischen Formationen des Meeresbodens. Häufig sind jedoch Industrieabwässer die Ursache einer Kontamination. Fische nehmen die Schadstoffe direkt auf oder sie reichern sie über die Nahrungskette an.

Zu Schwermetallen in Fisch und Fischereiprodukten wurden 119 Originalmeldungen in das Schnellwarnsystem eingestellt. Die Meldungen aus Deutschland hatten hier einen Anteil von 10 %. Die am häufigsten beanstandeten Schwermetalle waren Quecksilber (60 %) und Cadmium (35 %). Die gemeldeten Fischereierzeugnisse stammten zum Großteil aus Indonesien und Vietnam. Schwermetalle können sich im menschlichen Körper ansammeln und zu Nierenversagen, Nerven- und Skelettschäden sowie Einschränkungen der Reproduktionsfunktion führen. Es kann zudem nicht ausgeschlossen werden, dass Cadmium beim Menschen krebserregend wirkt.

---

[4] Biselli, S. (2006) Analytische Methoden für die Kontrolle von Lebens- und Futtermitteln auf Mykotoxi-ne. J Verbr Lebensm 1:106–114.

3.3.3 Rückstände aus Tierarzneimitteln

Gemäß den rechtlichen Vorgaben der EU zu Rückständen aus Tierarzneimitteln dürfen Lebensmittel liefernde Tiere nur mit Substanzen behandelt werden, die in den Anhängen I bis III der EU-Verordnung (EWG) Nr. 2377/90 aufgeführt sind. Darüber hinaus ist die Verwendung einer Reihe von Substanzen ausdrücklich von der Kommission verboten worden (Anhang IV)[5].

In Bezug auf Rückstände von pharmakologisch wirksamen Stoffen wurden 2006 insgesamt 112 Meldungen in das RASFF eingestellt. Das BVL stellte hierzu 11 Meldungen in das Schnellwarnsystem ein. Die am häufigsten beanstandeten Tierarzneimittel waren Nitrofurane, Malachitgrün und Chloramphenicol.

Nitrofurane gehören zur Gruppe der pharmakologisch wirksamen Substanzen. Diese Stoffe gehen in das tierische Gewebe über und können zusammen mit den im tierischen Stoffwechsel gebildeten Umwandlungsprodukten und als gebundene Rückstände noch im Fleisch, aber auch in Eiern und Milch vorhanden sein. Da die gesundheitliche Unbedenklichkeit weder für die Ausgangsverbindungen noch ihre Umwandlungsprodukte im Stoffwechsel gesichert ist, wurde die Anwendung von Nitrofuranen bei Lebensmittel liefernden Tieren in der EU verboten. Beim Tier haben sich Furazolidon, ein synthetisches Nitrofuranderivat, und seine Metaboliten als Krebs erzeugend bzw. Erbgut verändernd erwiesen.

Das Antibiotikum Chloramphenicol (CAP) wird in der Tiermedizin häufig bei Infektionskrankheiten verabreicht. Seit 1994 ist innerhalb der EU die Anwendung von CAP bei Lebensmittel liefernden Tieren jedoch verboten, da der Wirkstoff im Verdacht steht, bei therapeutischer Einnahme im Milligramm-Bereich beim Menschen durch Schädigung des Knochenmarks aplastische Anämien auszulösen. Ein solches Verbot gilt u. a. auch in den USA, Kanada sowie in Thailand. Im Gegensatz zu vielen anderen Tierarzneimitteln, deren Rückstände in tierischen Lebensmitteln mit entsprechenden Höchstmengen in der Ratsverordnung (EWG) Nr. 2377/90 geregelt werden, gilt für CAP eine Nulltoleranz.

3.3.4 Gentechnisch veränderter Reis

Nach der EU-Verordnung Nr. 1829/2003 dürfen Lebensmittel und Futtermittel, die nicht zugelassene gentechnisch veränderte Organismen enthalten, nicht aus Drittländern eingeführt oder in der EU auf den Markt gebracht werden.

Meldungen über gentechnisch veränderten Reis waren im Jahre 2006 der Auslöser für umfangreiche europaweite Rückrufaktionen im Handel. Insgesamt waren 126 Meldungen zu gentechnisch verändertem Reis zu verzeichnen. Davon betrafen 92 Meldungen den Nachweis der Reisvariante LL („Liberty Link") 601 aus den USA. Außerdem betrafen 10 Meldungen Reisprodukte aus China mit gentechnisch verändertem Bt-63-Reis. Deutschland hatte 31 Meldungen zu gentechnisch verändertem Reis bzw. Reisprodukten in das Schnellwarnsystem eingestellt.

3.3.5 Meldungen über Futtermittel

Der Anteil der Futtermittelmeldungen betrug im Jahre 2006 vier Prozent. Dies entspricht insgesamt 129 Meldungen. Gegenüber dem Vorjahr war im Bereich Futtermittel ein deutlicher Zuwachs der Meldungen zu verzeichnen. Der Anteil an Futtermittelmeldungen am Gesamtmeldeaufkommen blieb jedoch konstant.

Von Deutschland wurden 2006 neun Meldungen zu Futtermitteln erstellt. Die Hauptursachen für Beanstandungen waren gentechnisch veränderte Organismen und nicht zugelassene Futtermittelzusatzstoffe.

Bei der Statistik der betroffenen Herkunftsländer überwiegt Brasilien mit 19 Schnellwarnmeldungen, gefolgt von Deutschland mit 14 und Argentinien mit 12 Meldungen.

3.3.6 Salmonellen in Lebensmitteln tierischer und pflanzlicher Herkunft

Insgesamt gibt es ca. 2400 Salmonellen-Serovare, wovon die meisten beim Menschen und allen Tierarten vorkommen können[6]. In Deutschland sind Erkrankungen des Magen-Darm-Trakts durch Salmonellen neben Infektionen mit *Campylobacter* nach wie vor die Hauptursache von lebensmittelbedingten Darminfektionen. Weltweit werden jährlich etwa 1 Milliarde dieser Erkrankungen gemeldet. Es wird hier jedoch von einer hohen Dunkelziffer ausgegangen, da viele Patienten nicht zum Arzt gehen oder nur die Symptome behandelt werden, ohne dass ein Salmonellennachweis erfolgt.

Nach dem Verzehr von mit Salmonellen kontaminierten Lebensmitteln kommt es in der Regel nach ½–2 Tagen zu Brechdurchfällen mit Bauchkrämpfen sowie Fieber und Kopfschmerzen. Bei gesunden Menschen hören die Symptome nach etwa einer Woche auf, vorausgesetzt, genug Wasser steht zur Verfügung. Personen, die schon vor der Infektion erkrankt waren oder Kinder und ältere Menschen haben ein erhöhtes Erkrankungsrisiko. Bei ihnen kann es zu schweren Verläufen kommen.

Insgesamt wurden 2006 136 Meldungen zu Salmonellen in Fleisch und Milch und deren Produkte sowie in Gewürzen in das RASFF eingestellt. Aus Deutschland stammten hierzu 12 Meldungen.

3.3.7 Fleischskandale

Auch in Bezug auf die in der Öffentlichkeit stark wahrgenommenen „Fleischskandale" in verschiedenen Mitgliedstaaten im Jahr 2006 wurde das Schnellwarnsystem als effektive Plattform für den Informationsaustausch genutzt. Nicht mehr zum Verzehr durch den Menschen geeignetes Wildfleisch war in den Verkehr gebracht worden. In diesem Zusammenhang wurde ein europaweiter Vertrieb von Fleisch und Fleischerzeugnissen aufgedeckt und zusammen mit den eingeleiteten Maßnahmen

[5] Schmädicke, I. und Forchheim, H. (2006) Nationaler Rückstandskontrollplan – Stärkung des Verbraucherschutzes durch gezielte Kontrollen bei tierischen Lebensmitteln. J Verbr Lebensm 1:51–56

[6] Maciorowski, K. G., Herrera, P., Kundinger, M. M. und Ricke, S. C. (2006) Animal feed production and contamination by foodborne Salmonella. J Verbr Lebensm 1:197–209.

Herkunftsland	Produkte	Grund der Beanstandung
China (Hongkong)	Süßigkeiten	Nicht zugelassene Farbstoffe
China	Verschiedene Lebensmittel	Nicht zugelassene Bestrahlung
Vietnam	Thun- und Schwertfisch	Nicht zugelassene CO-Behandlung
Philippinen	Verschiedene Fleischerzeugnisse	Illegale Einfuhr
Bangladesch	Shrimps	Nicht zugelassene Nitrofuran(-Metabolite)

Tab. 3-1 Liste der Schreiben der EU-Kommission an Drittländer im Jahr 2006.

über das RASFF schnellstmöglich kommuniziert. Insgesamt wurden zu den Firmen in Deutschland sechs Warnmeldungen sowie eine News-Meldung eingestellt. Der Sachverhalt wurde zusätzlich im Rahmen des Ständigen Ausschusses für die Lebensmittelkette und Tiergesundheit (STALUT) der Kommission und den Mitgliedstaaten präsentiert.

3.4
Garantieerklärungen von Drittländern zur Vermeidung wiederkehrender Probleme

Treten Probleme in Bezug auf die Lebensmittelsicherheit bei bestimmten Produkten und Herkunftsländern wiederholt auf, werden diese Drittländer durch die EU-Kommission in offiziellen Schreiben informiert. Allein im Jahr 2006 wurden insgesamt 1959 Beanstandungen an Drittländer gemeldet. Treten Probleme gehäuft auf, so wird die zuständige Behörde im jeweiligen Drittland aufgefordert, die Ursachen für Beanstandungen zu beseitigen und eine Garantieerklärung zur Vermeidung künftiger Beanstandungen abzugeben. Im Jahr 2006 wurden 5 dieser Schreiben an Drittstaaten versandt (Tab. 3-1). Die getroffenen Maßnahmen können die Schließung von Betrieben, einen Ausfuhrstopp, eine Intensivierung der Kontrollen im Herkunftsland oder die Schaffung bzw. Verschärfung der rechtlichen Rahmenbedingungen beinhalten. Produkte aus bestimmten Drittländern, die mehrfach beanstandet wurden, werden darüber hinaus bei der Einfuhr in die Europäische Union besonders sorgfältig überprüft.

Erweisen sich von Drittländern abgegebene Garantien als nicht ausreichend, so kann die EU die Einfuhr solcher Produkte verbieten, systematische Kontrollen an den Außengrenzen sowie eine Vorführungspflicht anordnen. Für das Inspektionsprogramm des Lebensmittel- und Veterinäramt (LVA) liefert das EU-Schnellwarnsystem wichtige Anhaltspunkte.

3.5
Internationale Kontakte

Zweimal jährlich findet bei der Europäischen Kommission in Brüssel ein Erfahrungsaustausch aller am Europäischen Schnellwarnsystem beteiligten Mitgliedstaaten statt. Die Schwerpunkte der Diskussion in der Arbeitsgruppe waren die informationstechnischen Anpassungen. Zusätzlich wurden Trends und neuartige Gefahren diskutiert. Im Dezember 2005 wurde von der EU-Kommission eine Kern-Arbeitsgruppe mit 8 Mitgliedstaaten (darunter Deutschland) gegründet, die eine Leitlinie mit Durchführungsbestimmungen zum Schnellwarnsystem RASFF vorbereitet. Damit soll u. a. eine europaweit einheitliche Anwendung der Meldekriterien sichergestellt werden.

Im Jahr 2006 gab es Vorstellungen der Arbeitsweise der deutschen Kontaktstelle für das RASFF für Delegationen aus China und der Türkei. Den Delegationen wurden die Organisation des Schnellwarnsystems in Deutschland, die Optimierung der IT-Infrastruktur und Beispiele für Meldungen und den hierzu in Deutschland getroffenen Maßnahmen vorgestellt.

To access this journal online:
http://www.birkhauser.ch

4 Inspektionsbericht

4.1
Inspektionen des Lebensmittel- und Veterinäramtes (FVO)

Aufgabe der Europäischen Kommission ist es sicherzustellen, dass die gemeinschaftlichen Rechtsvorschriften in den Mitgliedstaaten ordnungsgemäß umgesetzt werden. Die zuständige Dienststelle der Kommission ist das Lebensmittel- und Veterinäramt (Food and Veterinary Office, FVO). Es gehört zur Generaldirektion Gesundheit und Verbraucherschutz und hat seinen Sitz in Grange, Grafschaft Meath, in Irland. Der Auftrag des FVO besteht unter anderem darin, zu überprüfen, ob die Anforderungen der EU-Rechtsvorschriften an die Lebensmittel- und Futtermittelsicherheit und -qualität, an die Pflanzen- und Tiergesundheit sowie den Tierschutz in allen Mitgliedstaaten der Europäischen Union und in Drittländern, die in die EU exportieren, eingehalten werden.

Um diesem Auftrag gerecht zu werden, führt das FVO zu den verschiedenen Überwachungsbereichen regelmäßig Inspektionsbesuche in den Mitgliedstaaten, in Kandidatenländern und in Drittländern durch. Die Ergebnisse dieser Inspektionen werden der Öffentlichkeit in Form von im Internet veröffentlichten Berichten zugänglich gemacht.

Die überwiegende Anzahl der FVO-Inspektionen findet in den Mitgliedstaaten statt (im Jahr 2006 ca. 60%). In Drittländern, die Waren in die EU exportieren, erfolgten ca. 30% der 2006 vom FVO durchgeführten Inspektionen. Einen Überblick über die Verteilung der Inspektionen auf Mitgliedstaaten, Kandidatenländer und Drittländer im Jahr 2006 vermittelt Tab. 4-1. Die im Jahr 2006 in Deutschland durchgeführten Inspektionen sind in Tab. 4-2 zusammengefasst.

Um den Auftrag und die Arbeitsweise des FVO bei Inspektionen in Deutschland zu verstehen, sind grundsätzliche Kenntnisse über die Zuständigkeiten bei der amtlichen Überwachung, die Aufgabenverteilung und die Koordination zwischen Bund und Bundesländern erforderlich.

4.2
Die amtliche Überwachung in Deutschland

In der Bundesrepublik Deutschland ist die Überwachung der Lebensmittel- und Futtermittelsicherheit, der Tiergesundheit, des Tierschutzes und der Pflanzengesundheit und somit die Ausführung der Gesetze in diesen Bereichen Aufgabe der Bundesländer. Die Bundesregierung hat hierzu keine Weisungsbefugnis gegenüber den Ländern. Die Landesministerien bzw. Senatsverwaltungen der Bundesländer koordinieren im jeweiligen Bundesland die Überwachung. Die Überwachung an sich erfolgt in den verschiedenen Überwachungsämtern auf Bezirks- und kommunaler Ebene. Für den Bereich Pflanzengesundheit und Pflanzenschutz obliegt die Überwachung den Pflanzenschutzdiensten der Bundesländer.

Um eine länderübergreifende Vereinheitlichung der Überwachungstätigkeit zu gewährleisten, werden vom Bundesministerium für Ernährung, Landwirtschaft und Verbraucherschutz (BMELV) allgemeine Verwaltungsvorschriften (AVV) erlassen. Die AVV Rahmenüberwachung regelt z.B. die Überwachungstätigkeit nach einheitlichen risikoorientierten Kriterien und den Informationsaustausch und die Berichterstattung zwischen Bundes- und Landesebene. Des Weiteren tagen zu den verschiedenen o.g. Überwachungsbereichen regelmäßig Bund-Länder-Arbeitsgruppen unter dem Vorsitz der Bundesländer und unter Beteiligung der zuständigen Bundesbehörde(n).

Die amtliche Überwachung lässt sich exemplarisch am Beispiel der Lebensmittelüberwachung darstellen. In den zuständigen Länderministerien werden Untersuchungsprogramme entwickelt, die von den Lebensmittelüberwachungs- und Veterinärämtern in den Städten und Landkreisen des jeweiligen Bundeslandes ausgeführt werden.

Betriebe, die Lebensmittel, Bedarfsgegenstände oder kosmetische Mittel herstellen, verarbeiten oder verkaufen, werden regelmäßig kontrolliert. Die Entscheidung, wie häufig welcher Betrieb überprüft wird, wird nicht nach dem Zufallsprinzip, sondern risikoorientiert getroffen. Dazu erfolgt die Erfassung und Einstufung der Betriebe in Risikokategorien.

Bei der Festlegung der Kontrollfrequenz eines Betriebes werden zahlreiche Faktoren, wie z.B. Art und Produktionsumfang, Erfahrungen mit der Eigenkontrolle im Betrieb, Art und Herkunft der Erzeugnisse, Produkt-, Produktions- und Perso-

Tab. 4-1 Verteilung der FVO-Inspektionen auf die Mitgliedstaaten, die Kandidatenländer und die Drittstaaten im Jahr 2006.

Land	Inspektionen	
	Anzahl	**Prozentsatz**
25 EU-Staaten	160	59%
Kandidatenländer	31	11%
Drittländer	79	30%
Insgesamt	270	100%

Tab. 4-2 Chronologischer Überblick über die im Jahr 2006 in Deutschland durchgeführten FVO-Inspektionen.

FVO-Inspektion (Thema und GD SANCO Nummer)	Inspektionszeitraum	Besuchte Bundesländer
Dioxin in Ostseefisch (GD SANCO 8005/2006)	20.02. – 24. 02.2006 (5 Tage)	MV, SH
Klassische Schweinepest (GD SANCO 8308/2006)	20.02. – 24.02.2006 (5 Tage)	NW
BSE (GD SANCO 8068/2006)*	27.02. – 10.03.2006 (10 Tage)	BB, BY, SN
Tierische Nebenprodukte (GD SANCO 8087/2006)*	27.02. – 10.03.2006 (10 Tage)	BB, BY, SN
GVO (GD SANCO 8105/2006)	06.03. – 10.03.2006 (5 Tage)	HH, ST
Tollwut (GD SANCO 8213/2006)	30.03. – 06.04.2006 (6 Tage)	BW, HE, RP
Lebensmittel tierischen Ursprungs (GD SANCO 8183/2006)	24.04. – 05.05.2006 (10 Tage)	BY, HE, NI, ST, TH
GKS (Lebensmittel nichttierischen Ursprungs) (GD SANCO 8112/2006)	29.05. – 02.06.2006 (5 Tage)	HB, HH
Innergemeinschaftlicher Handel mit lebenden Tieren (GD SANCO 8149/2006)*	04.09. – 15.09.2006 (10 Tage)	BW, BY, MV, SH, SN, TH
Kennzeichnung von Schafen und Ziegen (GD SANCO 8208/2006)*	18.09. – 21.09.2006 (4 Tage)	BW, BY, MV, SH, SN, TH
Schnellwarnsystem (GD SANCO 8326/2006)	22.09. – 27.09.2006 (4 Tage)	BY

* zeitgleiche Inspektion zu zwei Themenbereichen in den genannten Bundesländern

BB = Brandenburg; BY = Bayern; BW = Baden-Württemberg; HB = Bremen; HE = Hessen; HH = Hamburg; MV = Mecklenburg-Vorpommern; NI = Niedersachsen; NW = Nordrhein-Westfalen; RP = Rheinland-Pfalz; SH = Schleswig-Holstein; SN = Sachsen, ST = Sachsen-Anhalt; TH = Thüringen

nalhygiene und natürlich auch Art und Anzahl der Verstöße des Betriebes gegen Rechtsvorschriften in der Vergangenheit berücksichtigt. Werden akute Probleme bekannt, so erfolgen umgehend Kontrollen.

Im Rahmen der Überwachungstätigkeit werden Proben entnommen und zur Analyse und Begutachtung in Labore geschickt. Die Auswahl der Proben richtet sich nach der Art des Lebensmittels, dem Ausmaß der möglichen gesundheitlichen Gefährdung durch bestimmte Stoffe oder Mikroorganismen, den Verzehrsmengen, aktuellen Erkenntnissen, bestimmten Herstellungsverfahren und auch nach jahreszeitlichen Einflüssen. Insgesamt werden jährlich von den Laboren der Bundesländer rund 400.000 Proben untersucht.

Die Art der Probenahme ist dabei vom Gesetzgeber vorgegeben, um standardisierte und gerichtsfeste Daten zu erlangen. Die Proben werden auf verschiedene Inhaltsstoffe, auf Keime und auf die Einhaltung gesetzlich festgelegter Höchstmengen untersucht. Dabei wird auch überwacht, ob die Lebensmittel gemäß ihrer rechtlichen Definition zusammengesetzt sind. Verstößt ein Unternehmen gegen bestehende Vorschriften,

werden die Produkte beanstandet und, wenn die Gesundheit der Verbraucher gefährdet ist, aus dem Handel entfernt.

Bei den Inspektionen des FVO erfolgt die Überprüfung der amtlichen Überwachung, wobei ein Schwerpunkt die Überprüfung der Umsetzung der EU- und der nachgeordneten Rechtsvorschriften durch die zuständigen Überwachungsbehörden der Mitgliedstaaten, der Kandidatenländer und der Drittstaaten ist.

4.3

Aufgaben des BVL bei der Durchführung von Inspektionen des FVO

Das Bundesamt für Verbraucherschutz und Lebensmittelsicherheit (BVL) fungiert als Nationale Kontaktstelle für Inspektionen der EU und von Drittländern. Gemäß Artikel 1, § 1, Satz 1, Nummer 4 der Verordnung zur Übertragung von Befugnissen auf das BVL sowie zur Änderung hygienerechtlicher Bestimmungen vom 21.02.2003 hat das BVL zur Vorbereitung,

Durchführung und Nachbereitung von Kontrollen der Kommission die Befugnis zum Verkehr mit dem FVO. Als Nationale Kontaktstelle ist das BVL für das FVO Ansprechpartner in allen Belangen bezüglich geplanter, laufender oder bereits erfolgter Inspektionen der Kommission in Deutschland. Außerdem übermittelt das FVO die endgültigen Berichte von in anderen Mitgliedstaaten oder Drittländern durchgeführten Inspektionen an das BVL. Dies geschieht vor Veröffentlichung dieser Berichte im Internet.

Tab. 4-3a Von 1998 bis 2006 in Deutschland durchgeführte Inspektionen des FVO unter Berücksichtigung der Verteilung auf die Bundesländer

		Verteilung auf die Bundesländer															
Jahr	Σ	BB	BE	BW	BY	HB	HE	HH	MV	NI	NW	RP	SH	SL	SN	ST	TH
1998	7	0	0	2	4	1	1	0	0	4	1	1	1	0	0	0	0
1999	13	2	1	1	0	3	2	3	1	3	5	1	1	0	2	0	0
2000	13	3	2	3	5	0	2	1	3	5	4	3	1	0	1	2	4
2001	8	1	0	1	2	1	0	1	1	5	3	0	1	1	1	2	1
2002	7	1	0	3	2	1	0	1	1	5	3	1	3	0	0	0	0
2003	7	0	0	2	1	1	2	2	1	1	0	1	1	0	1	1	2
2004	8	1	0	2	1	1	2	1	0	1	4	3	1	1	1	2	1
2005	5	1	0	0	0	1	1	1	3	2	1	0	2	0	1	0	0
2006	11	2	0	3	6	1	2	2	3	1	1	1	3	0	4	2	3
Insgesamt	**79**	**11**	**3**	**17**	**21**	**10**	**12**	**12**	**13**	**27**	**22**	**11**	**14**	**2**	**11**	**9**	**11**

BB = Brandenburg; BE = Berlin; BW = Baden-Württemberg; ; BY = Bayern; HB = Bremen; HE = Hessen; HH = Hamburg; MV = Mecklenburg-Vorpommern; NI = Niedersachsen; NW = Nordrhein-Westfalen; RP = Rheinland-Pfalz; SH = Schleswig-Holstein; SL = Saarland; SN = Sachsen, ST = Sachsen-Anhalt; TH = Thüringen

Tab. 4-3b Von 1998 bis 2006 in Deutschland durchgeführte Inspektionen des FVO unter Berücksichtigung der kontrollierten Überwachungsbereiche

		Verteilung auf die Bundesländer															
Überwachungsbereich	Σ	BB	BE	BW	BY	HB	HE	HH	MV	NI	NW	RP	SH	SL	SN	ST	TH
LM-Hygiene	23	2	1	3	8	0	2	1	2	11	7	2	6	1	1	3	5
Tierseuchen	21	5	0	6	5	3	3	1	4	7	5	7	4	1	4	3	4
Tierschutz	5	1	0	1	1	0	0	0	1	1	1	0	0	0	3	1	1
Grenzkontrollstellen	9	3	1	2	2	4	2	3	3	2	2	1	0	0	2	0	0
Pflanzengesundheit	8	0	1	4	4	2	3	2	0	3	3	1	2	0	0	0	0
Gentechnik	2	0	0	1	0	0	0	1	0	1	0	0	0	0	0	1	0
Kontaminanten	5	0	0	0	0	1	0	2	2	1	0	1	0	0	0	0	0
Länderprofil	1	0	0	0	0	0	0	0	0	0	1	0	0	0	0	0	0
Pflanzenschutz	2	0	0	0	1	0	1	0	0	0	1	0	0	0	1	1	0
Tierernährung	2	0	0	0	0	0	1	2	1	0	0	0	1	0	0	0	1
Ökologischer Landbau	1	0	0	0	0	0	0	0	0	0	1	0	0	0	0	0	0
Insgesamt	**79**	**11**	**3**	**17**	**21**	**10**	**12**	**12**	**13**	**27**	**22**	**11**	**14**	**2**	**11**	**9**	**11**

BB = Brandenburg; BE = Berlin; BW = Baden-Württemberg; ; BY = Bayern; HB = Bremen; HE = Hessen; HH = Hamburg; MV = Mecklenburg-Vorpommern; NI = Niedersachsen; NW = Nordrhein-Westfalen; RP = Rheinland-Pfalz; SH = Schleswig-Holstein; SL = Saarland; SN = Sachsen, ST = Sachsen-Anhalt; TH = Thüringen

Das BVL informiert das Bundesministerium für Ernährung, Landwirtschaft und Verbraucherschutz (BMELV), Bundesbehörden und die Bundesländer über die geplanten Aktivitäten des FVO und koordiniert die Vorbereitung, Durchführung und Nachbereitung von Inspektionen in Deutschland. Außerdem werden die in Deutschland stattfindenden Inspektionen des FVO von Mitarbeitern/Mitarbeiterinnen des BVL begleitet. Das BVL nimmt somit als Nationale Kontaktstelle eine Schlüsselrolle bei der Kommunikation mit dem FVO, den Bundes- und den Länderbehörden ein. Ihm obliegt die gesamte Organisation und Koordination der vom FVO geplanten Inspektionen. Dazu gehört z. B. die Bearbeitung von Fragebögen im Vorfeld geplanter Inspektionen, die Auswahl der zu besuchenden Bundesländer, das Erstellen des Besuchsprogramms, die Organisation und Moderation der Eingangs- und der Abschlussbesprechung sowie die Koordination und Durchführung aller Arbeiten im Rahmen des zweistufigen Berichtverfahrens nach erfolgter Inspektion.

Das Inspektionsteam des FVO besteht i. d. R. aus zwei Inspektoren, zwei Dolmetschern und gegebenenfalls einem nationalen Experten. Das Inspektionsteam behält sich vor, jederzeit und in Abhängigkeit vom Verlauf der Inspektion spontan Programmänderungen vorzunehmen. Die vom BVL gestellte Begleitperson der Inspektion muss dann in der Lage sein, flexibel auf die Änderungswünsche zu reagieren und die erforderlichen Umorganisationen der Reiseroute einzuleiten.

Innerhalb von 20 Arbeitstagen nach erfolgter Inspektion (10 Arbeitstagen in dringenden Fällen) übermittelt das FVO einen Entwurf des Inspektionsberichts (Draft Report; i. d. R. in Englisch). Nach Eingang der deutschen Übersetzung des Berichtentwurfs muss innerhalb von 25 Arbeitstagen (in dringenden Fällen innerhalb von 10 Arbeitstagen) eine Stellungnahme der Bundesrepublik Deutschland zum Berichtentwurf an das FVO übermittelt werden.

Nach Eingang der deutschen Version des endgültigen Berichts sollten die darin enthaltenen Empfehlungen der Kommission unter Einhaltung der vom FVO gesetzten Frist (i. d. R. ein Monat) in Form eines Maßnahmen- oder Aktionsplanes beantwortet werden. Bei Versand der deutschen Fassung des endgültigen Berichtes bittet das BVL die beteiligten Fachreferate des BMELV, die ggf. beteiligten weiteren Bundesministerien und Bundesbehörden sowie alle Bundesländer unter Setzung einer geeigneten Frist um Stellungnahme zu den Empfehlungen der Kommission. Der schließlich erstellte Maßnahmenplan der Bundesrepublik Deutschland ist für alle Bundesländer verbindlich. Das FVO behält sich vor, ggf. Nachforderungen zum Maßnahmenplan zu stellen, und überwacht die Umsetzung der gemachten Zusagen und die Einhaltung genannter Fristen.

In der Regel vergeht von der Ankündigung einer FVO-Inspektion bis zu deren Abschluss (Versendung des Maßnahmenplanes der Bundesrepublik Deutschland) ein Zeitraum von mindestens einem Jahr.

Die seit 1998 in Deutschland erfolgten Inspektionsreisen des FVO, sowie die Verteilung der Inspektionen auf die Bundesländer sind in Tab. 4-3a zusammengefasst. Tab. 4-3b gibt einen Überblick über die Inspektionshäufigkeit bezogen auf 11 Überwachungsbereiche.

Demnach sind von 1998 bis 2006 insgesamt 79 FVO-Inspektionen in Deutschland durchgeführt worden, wovon 23 zu Themen aus dem Bereich der Lebensmittelhygiene erfolgten. Dies entspricht einem Anteil von ca. 29 % der seit 1998 in Deutschland durchgeführten Inspektionen. 21 Inspektionen befassten sich mit der Überwachung von Tierseuchen (ca. 27 %), während 5 Inspektionen zum Thema Tierschutz durchgeführt wurden (ca. 6 %). Des Weiteren erfolgten 9 Inspektionen zu Grenzkontrollstellen (ca. 11 %) und 8 zur Überwachung der Pflanzengesundheit (ca. 10 %). Die Verteilung der übrigen Inspektionen auf die weiteren Überwachungsbereiche kann Tab. 4-3b entnommen werden.

4.4

Ergebnisse der Inspektionen des FVO in Deutschland im Jahr 2006

Im Jahr 2006 erfolgten 11 Inspektionen des FVO in Deutschland. Insgesamt wurde Deutschland dabei 13 Wochen durch Inspektionsteams der Kommission überprüft. In der Regel wurden pro Inspektion 2 bis 3 Bundesländer besucht.

Sieben der 11 Besuche waren einwöchige Inspektionsreisen (Dauer der Inspektion zwischen 4 und 6 Werktagen), während 4 Inspektionsreisen über einen Zeitraum von 2 Wochen verliefen. Bei zwei der zweiwöchigen Besuche wurden zum selben Inspektionszeitpunkt 2 Themenbereiche überprüft, wobei die Ergebnisse der Inspektionen jeweils in 2 getrennten Berichten dargestellt wurden (s. u.). Bei der Inspektion zu BSE (GD SANCO 8068/2006) und zu tierischen Nebenprodukten (GD SANCO 8087/2006) wurden 3 Bundesländer besucht. Die Inspektion zum innergemeinschaftlichen Handel mit lebenden Tieren (GD SANCO 8149/2006) und zur Kennzeichnung von Schafen und Ziegen (GD SANCO 8208/2006) wurde in 6 Bundesländern durchgeführt.

Eine zweiwöchige Reise zur Bewertung der amtlichen Kontrollen von Lebensmitteln tierischen Ursprungs (GD SANCO 8183/2006) erfolgte mit 2 Inspektionsteams des FVO, die zeitgleich in 5 Bundesländern 2 unterschiedliche Besuchsprogramme absolvierten.

Es erfolgten Inspektionen zu den Überwachungsbereichen Lebensmittelhygiene (2 Inspektionen), Rückstände und Kontaminanten (1 Inspektion), Tierseuchen, einschließlich tierischer Nebenprodukte, Tierkennzeichnung und innergemeinschaftlicher Handel (6 Inspektion) sowie Grenzkontrollstellen (1 Inspektion) und Gentechnik (1 Inspektion). Bei den in 2006 durchgeführten Inspektionen wurden insgesamt 14 Bundesländer bereist, wobei die Inspektionsreisen zu BSE (GD SANCO 8068/2006) und zu tierischen Nebenprodukten (GD SANCO 8087/2006) sowie zum innergemeinschaftlichen Handel mit lebenden Tieren (GD SANCO 8149/2006) und zur Kennzeichnung von Schafen und Ziegen (GD SANCO 8208/2006) zum selben Zeitpunkt und in denselben Bundesländern durchgeführt wurden. Die Verteilung der in 2006 erfolgten FVO-Inspektionen auf die Bundesländer kann Tab. 4-4 entnommen werden. Im Folgenden werden die Ergebnisse der vom FVO durchgeführten Inspektionen anhand der bereits vorliegenden Inspektionsberichte auszugsweise als Zitate dargestellt. Die in 2006 erfolgten

Tab. 4-4 Verteilung der in 2006 in Deutschland durchgeführten FVO-Inspektionen auf die Überwachungsbereiche und die Bundesländer BB = Brandenburg; BE = Berlin; BW = Baden-Württemberg; BY = Bayern; HB = Bremen; HE = Hessen; HH = Hamburg; MV = Mecklenburg-Vorpommern; NI = Niedersachsen; NW = Nordrhein-Westfalen; RP = Rheinland-Pfalz; SH = Schleswig-Holstein; SL = Saarland; SN = Sachsen, ST = Sachsen-Anhalt; TH = Thüringen).

Überwachungsbereich	Σ	BB	BE	BW	BY	HB	HE	HH	MV	NI	NW	RP	SH	SL	SN	ST	TH
						Verteilung auf die Bundesländer											
LM-Hygiene	2				2		1		1							1	1
Tierseuchen	6	2*		3*	4*	1			2*	1	1		2*		4*		2*
GKS	1							1				1					
Gentechnik	1						1									1	
Kontaminanten	1							1					1				
Insgesamt	11	2	0	3	6	1	2	2	3	1	1	1	3	0	4	2	3

* zeitgleiche Inspektion zu zwei Themenbereichen in den genannten Bundesländern

FVO-Inspektionen werden dabei in chronologischer Reihenfolge vorgestellt. Die vollständigen Berichte der Inspektionsbesuche werden im Internet auf der Website der GD SANCO: http://ec.europa.eu/food/fs/inspections/index_de.html veröffentlicht.

4.4.1 GD SANCO 8005/2006: Bewertung der Überwachung von Dioxinen und anderen Organochlor-Kontaminanten in Ostseefisch

Der einwöchige Inspektionsbesuch fand vom 20.02. bis 24.02.2006 in den Bundesländern Mecklenburg-Vorpommern und Schleswig-Holstein statt.[7]

„Der Besuch war Teil einer Reihe von Inspektionsbesuchen des FVO in acht an die Ostsee angrenzenden Mitgliedsstaaten zur Bewertung der Überwachung von Organochlor-Kontaminanten (vor allem Dioxine, Furane und polychlorierte Biphenyle) in Ostseefisch. Geprüft werden sollte die Wirksamkeit der einzelstaatlichen Maßnahmen, welche die zuständigen deutschen Behörden ergriffen haben, um die Einhaltung der Verordnung (EG) Nr. 466/2001 der Kommission über (gemeinschaftliche) Höchstgehalte für Dioxine und Furane in Fischen in ihrem Hoheitsgebiet zu gewährleisten."

Es wurden folgende Schlussfolgerungen getroffen:

a) „Monitoring- und Kontrollprogramme für Organochlor-Kontaminanten (in Fisch)"
„Ostseefisch wird zwar regelmäßig auf seine Dioxingehalt untersucht, derzeit werden aber vorwiegend Proben aus Gebieten mit geringer Belastung (<ICES 25) und – bei Lachs – von Jungtieren ausgewertet. Dies hat den Nachweis von Dioxin-Gehalten beeinträchtigt, die die Gemeinschafts-HG überschreiten, und die unausgewogene Auswahl von Proben ist weder repräsentativ für die nationalen Fänge, noch bietet sie exakte Angaben über die Belastung der Verbraucher mit Dioxinen, die in Ostseefisch enthalten sind." *(In ihrer Stellungnahme zu dem Berichtsentwurf erklärten die deutschen Behörden, Mecklenburg-Vorpommern habe für das Jahr 2006 den Beprobungsplan umgestellt. Dabei solle versucht werden, auch das ICES-Gebiet 25 und Hering und Aal sowie Lachse über 4 kg zu beproben.)*

„Aus Untersuchungsergebnissen von 1999 geht zudem hervor, dass bei 25% der Heringsproben aus stark belasteten Gebieten die Dioxingehalte den geltenden Gemeinschafts-HG überschritten. Die Daten des Monitorings weisen folglich darauf hin, dass ein kleiner Teil der in Deutschland zur Verzehr vermarkteten Ostseefische Dioxin-Gehalte aufweisen könnte, welche die in der Verordnung (EG) Nr. 466/2001 der Kommission festgelegten Höchstgehalte überschreiten."

b) „Laboratorien"
„Die Länderbehörden können gewährleisten, dass die in dem beauftragten Labor verwendeten Methoden den technischen Anforderungen der Richtlinie 2002/69/EG der Kommission genügen und somit eine solide Grundlage für das Monitoring und die Kontrolle von Dioxinen in Fisch bieten."

c) „Maßnahmen zur Verringerung der Belastung der Verbraucher mit Dioxinen"
„Die Maßnahmen Deutschlands zur Verringerung der Dioxinbelastung der Umwelt waren umfassend und es konnte ein deutlicher Rückgang erzielt werden."

„Bei der Risikobewertung von Wildlachs aus der Ostsee wurde nicht berücksichtigt, dass die deutsche Untersuchung auf Fische mit geringem Gewicht beschränkt war und damit nicht repräsentativ für den gesamten vermarkteten Ostseefisch ist. Zudem bedeutet die Tatsache, dass die Daten für sonstige Ostseefische nicht alle ICES-Gebiete erfassen, in denen deutsche Fischereifahrzeuge tätig sind, und dass einige Arten von Fettfischen aus der Ostsee nicht in die Untersuchungen eingeschlossen sind, dass die Dioxingehalte in den vom Endverbraucher verzehrten Fischen und Fischereierzeugnissen aus der Ostsee manchmal die in der Verordnung (EG) Nr. 466/2001 der Kommission festgelegten Höchstgehalte überschreiten kann." [Siehe Zusatz in kursiver Schrift unter a).]

---

[7] Zitate aus diesen Berichten der Inspektionsbesuche sind im folgenden Text durch „..." gekennzeichnet.

d) „Amtliche Kontrolle"

„(1) Es gibt keine systematische Kontrolle, mit der verhindert werden kann, dass dioxinbelasteter Ostseefisch zum Verzehr auf den Markt gelangt, weshalb die zuständigen Behörden nicht alle Anforderungen der Verordnung (EG) Nr. 466/2001 der Kommission erfüllen.

(2) In beiden besuchten Ländern wurden zwar einige Mängel im Hinblick auf die Verbraucherinformation und die Rückverfolgbarkeit festgestellt, in den meisten Fällen helfen die Angaben den Verbrauchern aber dabei, eine bewusste Entscheidung beim Kauf von Fisch zu treffen.

(3) Die Wirksamkeit des Systems zur Kontrolle der Fischereitätigkeit wird dadurch beeinträchtigt, dass die kontrollierenden Landesstellen nur bedingt Zugang zu den auf Bundesebene verfügbaren Daten über Fischereifahrzeuge und Erstverkaufserklärungen haben und dass der Datenaustausch zwischen Fischerei- und Lebensmittelbehörden in einem Land beschränkt ist."

Der Bericht kommt zu dem Schluss, dass die „Behörden bereits beträchtliche Anstrengungen unternommen haben, um die Anwendung der Gemeinschaftsanforderungen in den Bereichen Rückverfolgbarkeit und Verbraucherinformation zu verbessern; allerdings bestehen weiterhin einige Mängel. Bei Ostseefisch werden zudem regelmäßig Monitoring-Programme für Dioxine durchgeführt. Beim Monitoring wurden aber nicht alle Arten von Fettfisch aus der Ostsee und alle Fanggebiete von deutschen Fischereifahrzeugen erfasst, vor allem nicht Gebiete, die in anderen Untersuchungen als stark dioxinbelastet ermittelt wurden. Es stammte zwar nur ein kleiner Teil der deutschen Fänge aus diesem stark belasteten Gebieten, die deutschen Behörden können aber nicht verhindern, dass Fisch mit Dioxingehalten über dem gemeinschaftlichen Höchstgehalt auf den EU-Markt gelangt. Die deutschen Behörden können also nicht gewährleisten, dass der für den Verzehr vermarktete Ostseefisch ausnahmslos den Anforderungen der Verordnung (EG) Nr. 466/2001 genügt."

„Im Bericht werden den zuständigen deutschen Behörden mehrere Empfehlungen gegeben, wie sie die festgestellten Mängel beheben und die bereits vorhandenen Durchführungs- und Überwachungsmaßnahmen weiter verbessern können."

Bereits mit ihrer Stellungnahme zum Berichtentwurf vom 15.06.2006 nannten die deutschen Behörden Maßnahmen, die sie im Hinblick auf die von der Kommission gemachten Empfehlungen geplant oder bereits ergriffen hatten.

Der Maßnahmenplan der Bundesrepublik Deutschland auf die im endgültigen Bericht geäußerten Empfehlungen wurde dem FVO am 06.09.2006 übermittelt.

4.4.2 GD SANCO 8308/2006: Bewertung der Bekämpfung der klassischen Schweinepest in Nordrhein-Westfalen

Das Lebensmittel- und Veterinäramt führte vom 20.02. bis 24.02.2006 eine einwöchige Inspektionsreise zu o. g. Thema in Nordrhein-Westfalen durch.

„Der Zweck des Inspektionsbesuches bestand darin, die Maßnahmen zu überprüfen und zu bewerten, die von den deutschen Behörden zur Bekämpfung der klassischen Schweinepest (KSP) bei Wildschweinen ergriffen wurden."

„Besonders aufmerksam geprüft wurden:" a) „die Pläne zu Tilgung der Seuche bei Wildschweinen und die von der Kommission genehmigte Impfkampagne"; b) „die Maßnahmen, die verhindern sollen, dass sich die Seuche innerhalb und außerhalb Deutschlands verbreitet" und c) „die klinische und die Labordiagnostik sowie die epidemiologischen Untersuchungen"

Es wurden folgende Schlussfolgerungen gezogen:

1) „Rechtsvorschriften"
„Die Umsetzung der Richtlinie 2001/89/EG des Rates und der Kommissionsentscheidung 2003/526 ist fehlerhaft und nicht alle Bestimmungen von Artikel 15 der Richtlinie 2001/89/EG wurden umgesetzt. Die Bezüge in den nationalen Rechtsvorschriften und Kreisverordnungen sind zudem zum Teil nicht genau."

2) „Aufgabenwahrnehmung der zuständigen Behörde"
„Die Zuständigkeiten in den Tilgungs- und Notimpfprogrammen für KSP bei Wildschweinen sind eindeutig festgelegt. Die zu ergreifenden Maßnahmen wurden zwischen den zuständigen Behörden auf verschiedenen Ebenen abgestimmt, und die in NRW eingesetzte Sachverständigengruppe war tätig. Die praktische Durchführung der Maßnahmen für die Bekämpfung der Seuche und die Impfung, wie sie von der Gemeinschaft und dem KSP-Impf- und Tilgungsprogramm 2005 vorgeschrieben sind, wurde an die zuständigen Kreisbehörden übertragen. In den besuchten Kreisen war jeweils nur ein Amtstierarzt für die Probenahme, die Impfung und die Transportkontrollen in „Friedenszeiten" zuständig."

3) „Registrierung von Betrieben, Identifizierung der Tiere, Verbringungskontrollen und zentrale Schweinedatenbank"
„Mängel wurden festgestellt in den von den zuständigen Behörden geführten Registern der Schweinehaltungsbetriebe, den Verbringungskontrollen bei KSP-Beschränkungen und der Verfügbarkeit der zentralen Schweinedatenbank."

4) „KSP-Schutzmaßnahmen bei Hausschweinen"
„Mehrere der in Artikel 15 der Richtlinie 2001/89/EG des Rates und Artikel 6 der Kommissionsentscheidung 2003/526/EG vorgeschriebenen Maßnahmen zum Schutz der Hausschweine wurden in den besuchten Kreisen nicht angewandt."

5) „Meldeverfahren bei KSP"
„Die in Artikel 4 der Richtlinie 2001/89/EG des Rates vorgeschriebenen Maßnahmen im Falle eines Verdachtes auf KSP bei Hausschweinen wurden nicht immer ergriffen, und die im Bericht GD(SANCO)/7129/2004 ausgesprochenen Empfehlungen wurden somit nicht befolgt."

6) „Maßnahmen zur Tilgung der KSP bei Wildschweinen"
„Die Maßnahmen zur Tilgung der KSP bei Wildschweinen wurden in Übereinstimmung mit dem von der Kommission genehmigten Plan durchgeführt. Die zuständigen Behörden in den beiden besuchten Kreisen hatten ein Programm für die

Impfung und die Probenahme aufgestellt. Die Jäger spielen eine wichtige Rolle bei der Durchführung der Impfkampagnen und Probeentnahme, und eine gute Zusammenarbeit mit den Jägern war deutlich zu erkennen. Bei der Tilgungs- und Impfstrategie für 2005 waren allerdings weder die im Bericht GD(SANCO)/7129/2004 ausgesprochenen Empfehlungen noch die Kommissionsentscheidung 2002/106/EG im Zusammenhang mit der Schätzung des Wildschweinebestands und der Köderauslage berücksichtigt worden. Die Immunisierung wird von den Kreisbehörden überwacht, außer in Bezug auf die Köderauslage. Die für 2005 gesetzten Probenziele für KSP bei Wildschweinen wurden in NRW nicht erreicht. Bei der Impfkampagne fehlen nachfassende Maßnahmen zur Kontrolle der Köderaufnahme. Bei der Planung der Immunisierungskampagne wurde die vom Impfstoffhersteller angegebene Wartezeit nicht beachtet."

„Struktur und Instandhaltung der besuchten Sammelzellen waren zufrieden stellend mit Ausnahme der Lagerung und Kennzeichnung von tierischen Nebenerzeugnissen. In Bezug auf die Entnahme von Proben bei den Tierkörpern und die Registrierung der Daten gab es einige Beanstandungen."

7) „Überwachung der KSP bei Haus- und Wildschweinen"

„Die Überwachung der KSP war beim Untersuchungsamt und in der elektronischen Datenbank gut belegt. Die besuchten zuständigen Kreisbehörden nutzten die elektronische Datenbank effizient für die Erhebung und den Austausch epidemiologischer Daten über KSP bei Wildschweinen."

„Die im Tilgungs- und Impfplan 2005 angestrebten Zahlen von Untersuchungen in NRW wurden bei Hausschweinen übertroffen, bei Wildschweinen aber nicht erreicht."

8) „Erzeugung von Wildfleisch"

„Die zuständigen Behörden nutzen die Ausnahme nach Artikel 1 Absatz 3 Buchstabe e der Verordnung (EG) Nr. 853/2004 für Fleisch von Wildschweinen in NRW."

„Die besuchten zuständigen Behörden gaben an, dass gemäß der Verordnung (EG) Nr. 2075/2005 der Kommission eine Untersuchung auf Trichinen durchgeführt wird."

Aufgrund der im endgültigen Bericht genannten Empfehlungen der Kommission wurde von den zuständigen deutschen Behörden ein Maßnahmenplan entwickelt, der dem Lebensmittel- und Veterinäramt im Oktober 2006 zugeleitet wurde.

4.4.3 DG SANCO 8068/2006: Bovine spongiforme Enzephalopathie (BSE)

Die Inspektion zu BSE wurde zeitgleich mit der Inspektion zu tierischen Nebenprodukten (GD SANCO 8087/2006, s. 4.4.4) vom 27.02. bis 10.03.2006 durchgeführt. Während der zweiwöchigen Inspektionsreise wurden zu beiden Themen die Bundesländer Brandenburg, Bayern und Sachsen besucht.

„Ziel des Besuchs war es, die Durchführung einiger Schutzmaßnahmen gegen die bovine spongiforme Enzephalopathie (BSE) zu bewerten."

„Die Inspektion beschränkte sich auf die epidemiologische Überwachung der BSE bei Rindern, die Maßnahmen in Folge eines Verdachts auf BSE bzw. dessen Bestätigung, das Entfernen und die Handhabung von spezifizierten Risikomaterial von Rindern und das Verbot, Erzeugnisse tierischen Ursprungs an Nutztiere zu verfüttern sowie die Ausnahmen von diesem Verfütterungsverbot. Bei der Bewertung wurden auch die Maßnahmen einbezogen, die als Reaktion auf die Empfehlungen in dem Bericht über eine frühere Inspektion des Lebensmittel- und Veterinäramtes zu dieser Thematik ergriffen wurden."

„In dem Bericht wird der allgemeine Schluss gezogen, dass die Fortschritte im Hinblick auf die früheren Empfehlungen zufrieden stellend und die Regelungen zur Durchführung der Verordnung (EG) Nr. 999/2001 weitgehend ausreichend sind. Nur einige wenige Mängel konnten festgestellt werden, vor allem im Hinblick auf gewisse Unsicherheiten bei der Organisation von Kontrollen des totalen Verfütterungsverbots."

Im Einzelnen werden folgende Schlussfolgerungen gezogen:

1) „Epidemiologische Überwachung der BSE"

„Die zuständige Behörde hat Maßnahmen ergriffen, um den meisten der bisher gemachten Empfehlungen Folge zu leisten. Es besteht jedoch ein Risiko, dass Verdachtsfälle nicht immer entdeckt werden, weil a) die Zahl der offiziellen Verdachtsfälle und die Zahl der zur Bestätigung an ein Labor geschickten Verdachtsfälle zwischen den einzelnen Ländern erhebliche Unterschiede aufwies, was gegen die Wirksamkeit der ergriffenen Maßnahmen für eine bessere passive Überwachung spricht, und weil b) nicht alle Zielgruppen bedarfsgerecht geschult wurden (so wurden neue Tierärzte beispielsweise nicht im Hinblick auf die klinischen Anzeichen der BSE und Epidemiologie geschult." (Artikel 10 der Verordnung/EG) Nr. 999/2001) *(In ihrer Stellungnahme zu dem Berichtsentwurf erklärte die zuständige Behörde eines Landes, an den staatlichen Landwirtschaftsschulen werde der Unterricht im Fach „Tiergesundheit und Tierschutz" in Absprache mit den zuständigen Veterinärbehörden erteilt. BSE werde hierbei im Rahmen des Unterrichts zu Tierseuchen berücksichtigt.)*

„Es fehlt ein gemeinsames Verständnis der BSE-Verdachtsfälle und der Tiere, die bei der Schlachttieruntersuchung nachweislich krank waren, weshalb sich nicht genau feststellen lässt, wie viele Tiere in diesen Populationen untersucht wurden, was wiederum die Angaben verfälschen kann, die der Kommission gemäß Artikel 6 der Verordnung (EG) Nr. 999/2001 im Jahresbericht über das BSE-Testprogramm übermittelt werden." *(In ihrer Stellungnahme zu dem Berichtsentwurf erklärte die zuständige Behörde eines besuchten Landes, nach dem Inspektionsbesuch sei eine Anweisung mit der klaren Definition der Begriffe „BSE-Verdachtsfälle" und „bei der Schlachttieruntersuchung nachweislich krank" ergangen.)*

„Die Daten der epidemiologischen Überwachung wurden auf Ebene der zentralen zuständigen Behörde nicht immer kontrolliert. Dies macht deutlich, dass es nicht immer eine Abstimmung gab, um die in Artikel 4 Absatz 3 der Verordnung (EG) Nr. 882/2004 vorgeschriebenen wirksamen Kontrollen zu gewährleisten."

„Tiere, die bei einem BSE-Schnelltest positiv getestet wurden und der davor sowie die beiden darauf folgenden Tierkörper wurden nicht beseitigt, was gegen Anhang III der Verordnung (EG) Nr. 999/2001 verstößt."

2) „Maßnahmen im Anschluss an den Verdacht/die Bestätigung von BSE"

„Die Maßnahme in der Folge des Verdachts/der Bestätigung der BSE waren weitgehend zufrieden stellend. Dass weibliche Tiere einer Futterkohorte nicht so schnell wie möglich beseitigt werden, verstößt aber gegen die Verordnung (EG) Nr. 999/2001."

3) „Umfassendes Verfütterungsverbot"

„Die im Bericht über die vorangegangene Inspektion des Lebensmittel- und Veterinäramts gemachten Empfehlungen wurden zufrieden stellend behandelt."

„Der Informationsaustausch zwischen Bund und Ländern in Bezug auf die Anforderungen und die Durchführung des NKP ist nachvollziehbar, weshalb sich die Wirksamkeit der amtlichen Kontrollen des umfassenden Verfütterungsverbots gut überwachen lassen."

„Die Ausarbeitung und Gliederung des Kontrollprogramms ist weitgehend risikobezogen, allerdings war dies a) auf Bezirks- oder Kreisebene nicht immer gewährleistet und wird b) daran gearbeitet werden müssen, alle relevanten Risiken einzubeziehen, da beispielsweise keine Informationen über Fleisch-Knochenmehl, das als Düngemittel verwendet werden soll, zwischen den betroffenen zuständigen Behörden ausgetauscht wurde; in einem besuchten Land werden allerdings Prüflisten verwendet, die Angaben über Fleisch-Knochenmehl enthalten, das als Düngemittel verwendet werden soll."

4) „Labornetzwerk"

„Das Labornetzwerk für BSE und Kontrollen des Verfütterungsverbots ist in der Lage, seine Aufgaben gemäß der Verordnung (EG) Nr. 999/2001 auszuführen; allerdings nimmt das NRL für TSE nicht immer histopathologische Untersuchungen vor, um positive BSE-Schnelltests zu bestätigen, was gegen Anhang X Kapitel 3 der Verordnung (EG) Nr. 999/2001 verstößt."

5) „Spezifisches Risikomaterial"

„Den Empfehlungen des früheren Berichts wurde in zufrieden stellender Weise Folge geleistet; die Kontrollen von SRM entsprechen weitgehend der Verordnung (EG) Nr. 999/2001 und es wurden nur geringfügige Mängel festgestellt."

Bereits mit der im Juni 2006 an das FVO übermittelten Stellungnahme der Bundesrepublik Deutschland zum Berichtentwurf haben die zuständigen deutschen Behörden einige Maßnahmen genannt, die aufgrund der im Bericht gemachten Empfehlungen der Kommission eingeleitet wurden.

Der Aktionsplan der Bundesrepublik Deutschland ging dem FVO am 15.09.2006 zu.

4.4.4 DG SANCO 8087/2006: Bewertung der Durchführung der Hygienevorschriften über tierische Nebenprodukte

Wie bereits erwähnt, wurde dieser Inspektionsbesuch vom 27.02. bis 10.03.2006 zusammen mit der Inspektion GD SANCO 8086/2006 zu BSE durchgeführt. Die zweiwöchige Inspektion erfolgte in den Bundesländern Brandenburg, Bayern und Sachsen.

„Ziel des Inspektionsbesuchs war es, die Maßnahmen zu bewerten, die zur Umsetzung der EU-Vorschriften über nicht für den menschlichen Verzehr bestimmte tierische Nebenprodukte gemäß der Verordnung (EG) Nr. 1774/2002 und anderer aus dieser abgeleiteten EU-Vorschriften getroffen wurden."

„Der Gegenstand des Inspektionsbesuchs umfasste die Systeme zur Kontrolle tierischer Nebenprodukte und die Überprüfung ihrer Funktionsweise. Die Bewertung erstreckte sich auf Maßnahmen, die als Reaktion auf die Empfehlungen im Rahmen eines vorangegangenen Inspektionsbesuches des FVO zu den genannten Punkten ergriffen wurden."

Ingesamt kommt man in dem Bericht zu dem Schluss, „dass einige Schritte unternommen wurden, um die Empfehlungen aus dem vorausgegangenen Inspektionsbesuch umzusetzen, und dass die Lage bei den Zulassungen im Allgemeinen zufrieden stellend ist. Deutliche Mängel bestehen weiterhin bei Planung, Durchführung und Überwachung amtlicher Kontrollen, was zusammen mit Mängeln bei Einstufung und Dokumentation tierischer Nebenprodukte und mangelnden Kenntnissen der Verordnung über tierische Nebenprodukte bedeutet, dass die zentrale zuständige Behörde die Gemeinschaftsvorschriften über tierische Nebenprodukte nicht wirksam durchsetzen und die vollständige Einhaltung der Verordnung über tierische Nebenprodukte nicht gewährleisten kann."

Es wurden folgende Schlussfolgerungen gezogen:

1) „Vorhandene Struktur zur Handhabung von tierischen Nebenprodukten"

„Im Vergleich zum vorausgegangenen Inspektionsbericht wurden keine wesentlichen Änderungen festgestellt. Vorkehrungen und Infrastruktur für die Organisation der Trennung, Sammlung, Beförderung, Lagerung, Verarbeitung, Beseitigung und Verwendung tierischer Nebenprodukte und daraus gewonnener Erzeugnisse sind weitgehend vorhanden und entsprechen Artikel 3 der Verordnung über tierische Nebenprodukte."

2) „Zuständige Behörden"

„Seit dem vorausgegangenen Inspektionsbesuch sind bei der zuständigen Behörde keine wesentlichen Änderungen eingetreten und die Zuständigkeiten für die Kontrolle der Kette der tierischen Nebenprodukte sind grundsätzlich festgelegt. Bei der Umsetzung der Empfehlungen aus dem Bericht über den vorausgegangenen Inspektionsbesuch wurden jedoch kaum Fortschritte gemacht und es bestehen weiterhin Mängel in der Koordination zwischen der zuständigen Behörde innerhalb und unter den Bundesländern und die mangelnde Kenntnis der Verordnung über tierische Nebenprodukte bei den Bediensteten führt effektiv zu Lücken bei der Kontrolle der Kette der tierischen Nebenprodukte."

3) „Rechtsvorschriften"

„Es wurden Schritte unternommen, um die erforderlichen Änderungen der geltenden nationalen Rechtsvorschriften über tierische Nebenprodukte vorzunehmen und sie dadurch an die Verordnung über tierische Nebenprodukte anzupassen."

4) „Zulassung von Verarbeitungsbetrieben für Tierische Nebenprodukte und anderen Betrieben"

„Bei der Zulassung derjenigen Betriebe, die gemäß der Vereinbarung über tierische Nebenprodukte zulassungspflichtig sind, wurden deutliche Fortschritte erzielt und eine aktualisierte Liste dieser Betriebe ist auf der Website der zentralen zuständigen Behörde einsehbar. Der Prozess kann allerdings nicht als abgeschlossen gelten, da eine Reihe von Betrieben für tierische Nebenprodukte weiterhin mit vorläufigen Zulassungen arbeitet, die gemäß nationalen Vorschriften ausgestellt wurden, ohne dass sie notwendigerweise alle entsprechenden Bestimmungen der Verordnung über tierische Nebenprodukte erfüllen."

5) „Amtliche Kontrollen"

„Die zentrale zuständige Behörde hat nicht dafür gesorgt, dass die amtlichen Kontrollen der Kette der tierischen Nebenprodukte konsequent und mit einer Häufigkeit durchgeführt werden, die die Risiken berücksichtigt, die jeder Typ von Betrieb für tierische Nebenprodukte mit sich bringt, wie in Artikel 26 der Verordnung über tierische Nebenprodukte vorgesehen. Die derzeitige Vorgehensweise bei der Delegierung von Entscheidungen über amtliche Kontrollen an die Kreisebene der zuständigen Behörde führt zu starken Unterschieden bei ihrer Durchführung und verhindert eine wirksame Überwachung des Systems durch die zentrale zuständige Behörde oder die zuständige Behörde auf Länderebene. Das System der amtlichen Kontrollen tierischer Nebenprodukte an sich erfüllt nicht die Bestimmungen von Artikel 4 Absatz 5 der Verordnung (EG) Nr. 882/2004 und kann nicht gewährleisten, dass die Kette der tierischen Nebenprodukte gemäß der Verordnung über tierische Nebenprodukte kontrolliert wird."

„Bei der derzeitigen Planung der amtlichen Kontrolle tierischer Nebenprodukte liegt der Schwerpunkt der Kontrolle auf Betrieben innerhalb einzelner Kreise und es wird kein koordiniertes Vorgehen zur Kontrolle der gesamten Kette mit der zuständigen Behörde in anderen Kreisen innerhalb desselben Landes oder anderer Bundesländer gefördert. Somit findet kaum eine systematische Koordination zwischen den zuständigen Behörden statt, was zu mangelnder Kontrolle der tierischen Nebenprodukte führt, wenn sie zwischen Kreisen oder Bundesländern befördert werden. Damit werden die Bestimmungen von Artikel 4 Absatz 3 der Verordnung (EG) Nr. 882/2004 nicht eingehalten."

„Bei der Einstufung tierischer Nebenprodukte wurden zahlreiche Mängel festgestellt, die teilweise auf mangelnde Kenntnisse bei den Bediensteten und den Betreibern von besuchten Betrieben zurückzuführen sind und dazu führen könnten, dass tierische Nebenprodukte in einer Weise kanalisiert und verwendet werden, die nach der Verordnung über tierische Nebenprodukte nicht zulässig sind."

„In vielen Fällen fehlten Register und Handelspapiere für tierische Nebenprodukte oder sie enthielten nicht alle in Anhang II der Verordnung über tierische Nebenprodukte vorgeschriebenen Angaben, was häufig die vollständige Verfolgbarkeit von Sendungen entlang der Verarbeitungskette verhinderte. Diese Mängel können durch die geplante Einführung standardisierter Handelspapiere behoben werden, die im gesamten Bundesgebiet zu verwenden sind."

„Die Bestimmungen der Entscheidung 2003/328/EG über die Verfütterung von Spültrank wurden in dem Spültrankverarbeitungsbetrieb und in dem Spültrank verfütternden landwirtschaftlichen Betrieb ordnungsgemäß angewandt. In dem besuchten Einzelhandelsbetrieb jedoch konnte nicht ausgeschlossen werden, dass ehemalige Lebensmittel in das Spültrankverfütterungssystem gelangen."

„In zwei der besuchten Länder war zwar ein System zur Überwachung der zuständigen Behörde auf Kreisebene durch die mittlere oder die Bundeslandebene vorhanden, in einigen Fällen wurde diese Überwachung jedoch durch mangelnde Kenntnisse der Verordnung über tierische Nebenprodukte bei den zuständigen Bediensteten behindert."

Im Juli 2007 wurde dem FVO die Stellungnahme der Bundesrepublik Deutschland zum Berichtentwurf übermittelt. Darin wurden bereits ergriffene bzw. geplante Maßnahmen zu den im Berichtentwurf geäußerten Empfehlungen erläutert. Auf Grundlage des endgültigen Berichts wurde dem FVO am 29.09.2006 der Maßnahmenplan der Bundesrepublik Deutschland übersandt.

4.4.5 GD SANCO 8105/2006: Kontrollen von Lebens- und Futtermitteln, die aus genetisch veränderten Organismen (GVO) bestehen, solche enthalten oder daraus hergestellt sind

Die einwöchige Inspektion fand vom 06. bis 10.03.2006 in Hamburg und Sachsen-Anhalt statt.

Es wurden folgende Schlussfolgerungen gezogen:

1) Zuständige Behörden

„Diese Inspektionsreise gehörte zu einer Serie von Besuchen in mehreren Mitgliedstaaten, die dazu dienten, die amtlichen Kontrollen von Lebens- und Futtermitteln, die aus genetisch veränderten Organismen (GVO) bestehen, solche enthalten oder daraus hergestellt sind, zu bewerten. Das Inspektionsteam hatte Zusammenkünfte mit der zuständigen Zentralbehörde und mit zwei Regionalbehörden. Besucht wurden außerdem ein Kontrolllabor, eine benannte Einfuhrstelle sowie ein Lebens- und ein Futtermittelbetrieb."

„In Deutschland sind fünf genetisch veränderte Maissorten zugelassen. Genetisch veränderte Pflanzen werden in geringem Umfang für gewerbliche und/oder experimentelle Zwecke angebaut."

„Während praktisch keine genetisch veränderten Lebensmittel hergestellt werden, sind rund 90% des Mischfutters kennzeichnungspflichtig, weil sie GVO enthalten."

„Die Zuständigkeiten für Politik und Rechtsetzung sowie für die Planung und Durchführung der Kontrollen von Lebensmitteln, Futtermitteln und Saatgut auf das Vorhandensein von GVO sind auf Bundesebene und in den beiden während der Inspektionsreise besuchten Ländern Hamburg und Sachsen-Anhalt klar geregelt."

2) GVO-Kontrollen von Lebens- und Futtermitteln

„Die Kontrolle und die Beprobung von Lebensmitteln auf

GVO werden in allen relevanten Phasen der Lebensmittelkette geplant und durchgeführt. Die Einfuhrkontrollen der Behörde, die nach den Verordnungen (EG) Nr. 1829/2003 und Nr. 1830/2003 für genetisch veränderte Lebensmittel zuständig ist, beschränken sich jedoch auf Papayas."

„Das Verfahren für die Kontrolle der Rückverfolgbarkeit, das das Inspektionsteam bei einem Lebens- und einem Futtermittelhersteller mitverfolgt hat, kann als zufrieden stellend gelten. Auf der Grundlage der Kommissionsempfehlung 2004/787/EG ist ein Probenahmeverfahren für GVO-Lebensmittel entwickelt und bislang in einem der besuchten Länder (Sachsen-Anhalt) angewandt worden. Die Abweichungen von der Empfehlung stehen im Einklang mit dem CEN-Normentwurf."

„Es werden viele Proben analysiert; im Jahr 2005 waren es 6000 Lebens- und 600 Futtermittelproben. Dabei sind Verstöße gegen die Kennzeichnungsvorschriften und nicht zugelassene GVO entdeckt worden."

„In den besuchten Ländern sind Lebens- und Futtermittel auf GVO-Anteile analysiert worden. Die dabei festgestellten Verstöße betrafen die Kennzeichnung und wurden weiterverfolgt."

3) Laboratorien

„Das im Rahmen der Inspektionsreise besuchte Labor des Landesamtes für Verbraucherschutz Sachsen-Anhalt ist nach ISO 17025 akkreditiert. Die Räumlichkeiten und die Ausrüstung wurden als angemessen empfunden, die Fachkenntnisse des Personals, die Qualitätsmanagement-Verfahren und das Analysespektrum als sehr gut."

„Alles in allem" wurde festgestellt, dass „ausreichende Voraussetzungen für die Durchführung der Verordnungen (EG) Nr. 1829/2003 und Nr. 1830/2003 gegeben" sind; „das Know-how auf dem Gebiet der GVO-Analyse" wurde als sehr gut bewertet.

Auf die im Bericht enthaltenen Empfehlungen an die deutschen Behörden reagierte die Bundesrepublik Deutschland bereits im Rahmen der Stellungnahme auf den Berichtentwurf.

Der Maßnahmenplan der Bundesrepublik Deutschland wurde der Kommission am 27.10.2006 zugeleitet.

4.4.6 *GD SANCO 8213/2006: Bewertung des Programms zur Tilgung der Tollwut*

Der sechstägige Inspektionsbesuch fand vom 30.03. bis 06.04.2006 in den Bundesländern Baden-Württemberg, Hessen und Rheinland-Pfalz statt.

„Der Inspektionsbesuch" war ein Folgebesuch des im November 2004 erfolgten Inspektionsbesuchs zur Bewertung des Tollwut-Tilgungsprogramms (TTP) und „diente dazu, im Einklang mit der Entscheidung 90/424 die Fortschritte bei der Tollwuttilgung in Deutschland zu bewerten. Geprüft wurde insbesondere die Durchführung der TTP für die Jahre 2005 und 2006, für die die Kommission eine gemeinschaftliche Kofinanzierung genehmigt hatte. Das besondere Augenmerk während dieses Inspektionsbesuchs galt (1) den zuständigen Behörden, (2) der epidemiologischen Tollwutsituation in Deutschland, (3) der praktischen Durchführung der OI von Füchsen, (4) den Labors."

Der Bericht kommt zu folgenden Schlussfolgerungen:

1) Epidemiologische Situation

„Aus den Informationen des nationalen Referenzlabors geht hervor, dass sich die epidemiologische Situation seit 2005 verbessert hat: Die letzten Tollwutfälle gab es im Februar 2005 in Baden-Württemberg und im Juli 2005 in Hessen. In Rheinland-Pfalz waren im Jahr 2005 33 Ausbrüche zu verzeichnen, im Jahr 2006 bisher nur drei."

2) Impfstrategie

„Die Bekämpfung stützt sich in erster Linie" auf „die orale Immunisierung der Füchse; die Ausbringung der Köder erfolgt im Rahmen von drei Impfkampagnen (Frühjahr, Sommer, Herbst) per Flugzeug und wird bei Bedarf durch Handauslage des Impfstoffs ergänzt. 2004 und 2005 wurde die Strategie an die veränderte Lage (Anhalten der Seuche) angepasst. Außerdem wurde der Virustiter des Impfstoffs heraufgesetzt, um bessere Serokonversionsraten in der Fuchspopulation zu erzielen. In den besuchten Bundesländern entsprechen die Verfahren und der Großteil der Dokumentation den Empfehlungen im Bericht des Wissenschaftlichen Ausschusses über die orale Immunisierung von Füchsen."

3) Verwendete Impfstoffe

„Die Stabilität der an die Bundesländer gelieferten Impfstoffchargen wird seit 2005 vom Paul-Ehrlich-Institut untersucht, das jede Charge auch vor dessen Freigabe überprüft. Diese Untersuchungen beschränken sich allerdings auf die Unterlagen des Herstellers und auf eine Untersuchung des Virustiters."

„Es wurden einige Impfstoffchargen gefunden, die das PEI nach anderen als den Standardverfahren freigegeben hatte; diese Verfahren waren den Behörden in den besuchten Bundesländern nicht bekannt und auch nicht dokumentiert."

4) Impfüberwachung

„Da der Impfstoff nach wie vor keinen Biomarker enthält, wird die Impfwirksamkeit nur mit Hilfe serologischer Tests überwacht, die oft durch die schlechte Qualität der Sera beeinträchtigt sind. Diese Vorgehensweise kann somit wegen der Gefahr falsch-positiver Ergebnisse immer noch keine absolut zuverlässigen Ergebnisse garantieren."

„Alle vier impfstoffbedingten Fälle, die vom nationalen Referenzlabor (Friedrich-Loeffler-Institut) bisher nachgewiesen wurden, waren im Immunfluoreszenztest (IFT) zunächst positiv und bei der Virusisolation in Zellkultur dann positiv *(Anmerkung der Redaktion: sinngemäß müsste hier negativ stehen)*. Die Virusisolation wird nur vorgenommen, wenn es einen Kontakt zwischen Mensch und Tier gegeben hat oder um einen positiven IFT-Befund zu bestätigen; die Zahl der mit dem Impfstoff in Zusammenhang zu bringenden Tollwutfälle könnte somit unterschätzt werden."

Auf die im endgültigen Bericht formulierten Empfehlungen der Kommission an die zuständigen Behörden reagierte die Bundesrepublik Deutschland mit einem Aktionsplan.

4.4.7 DG SANCO 8183/2006: Bewertung der amtlichen Kontrollen in Zusammenhang mit der Sicherheit von Lebensmitteln tierischen Ursprungs

Der zweiwöchige Inspektionsbesuch fand vom 24.04. bis 05.05.2006 statt und galt der Bewertung der amtlichen Kontrollen von Lebensmitteln tierischen Ursprungs, vor allem Fleisch, Milch und daraus gewonnenen Erzeugnissen, sowie dem Tierschutz zum Zeitpunkt der Schlachtung oder Tötung. Es wurden die Bundesländer Bayern, Hessen, Niedersachsen, Sachsen-Anhalt und Thüringen besucht. Der Besuch wurde mit 2 Inspektionsteams (4 FVO-Inspektoren) durchgeführt, die in den genannten Bundesländern unterschiedliche Besuchsprogramme absolvierten.

„Ziel des Inspektionsbesuchs war die Bewertung" (1) „der amtlichen Kontrollen der Einhaltung allgemeiner und spezifischer Bestimmungen über die Hygiene bei Lebensmitteln tierischen Ursprungs durch die Lebensmittelunternehmer," (2) „der Anwendung dieser Bestimmungen durch die Lebensmittelunternehmer," (3) „der amtlichen Kontrollen des Tierschutzes zum Zeitpunkt der Schlachtung bzw. Tötung," (4) „des Follow-up vorausgegangener FVO-Inspektionsbesuche im Zusammenhang mit Lebensmitteln tierischen Ursprungs."

„Gegenstand der Bewertung waren vor allem die Kontrollen von Fleisch und Milch sowie der daraus gewonnenen Erzeugnisse im Rahmen der Verordnungen (EG) Nr. 178/2002, Nr. 852/2004, Nr. 853/2004, Nr. 854/2004 und Nr. 882/2004."

Es wurde festgestellt, dass das „Bundesministerium für Ernährung, Landwirtschaft und Verbraucherschutz (BMELV) gerade damit" begonnen hatte, „ein Kontrollsystem im Zusammenhang mit der Verordnung (EG) Nr. 882/2004 des Rates und den neuen EU-Hygienevorschriften aufzubauen."

„Die nationalen Vorschriften" wurden „angesichts der neuen EU-Hygienevorschriften überarbeitet," lagen jedoch „erst als Entwurf vor."

„In einigen wenigen Bundesländern" wurden „im Rahmen eines Qualitätsmanagementsystems, das im gesamten Bundesgebiet angewandt werden soll, Verfahren und Anweisungen ausgearbeitet. Dieses System" befand „sich jedoch noch in einer sehr frühen Entwicklungsstufe und der überwiegende Teil des amtlichen Kontrollsystems gründet nach wie vor auf den alten Rechtsvorschriften."

„In einem besuchten Bundesland" wurden „amtliche Kontrollaufgaben im Fleischsektor übertragen. Die Kontrollstelle" war „jedoch weder akkreditiert noch einer vollständigen Prüfung unterzogen worden."

„In den besuchten Bundesländern haben die zuständigen Behörden von dem durch die neuen EU-Hygienevorschriften möglichen Spielraum bei der Anpassung der Kontrollhäufigkeit Gebrauch gemacht. Eigenkontrollen wurden noch nicht durchgeführt. Im Allgemeinen besteht ein Mangel an Koordination zwischen den Stellen auf Bundes-, Landes-, Regierungsbezirks- und Kreisebene, der vor allem auf einen mangelnden Informationsfluss (vor allem über die Ergebnisse amtlicher Kontrollen) und mangelnde Überwachung der Kreise durch die Länder zurückzuführen ist und zu uneinheitlicher Vorgehensweise führt."

„Anweisungen und Leitfäden stützen sich vor allem auf die alten Vorschriften und in Lebensmittelunternehmen werden keine Überprüfungen durchgeführt. Auf Kreisebene" wurden „hingegen Räumlichkeiten/Betriebsgelände und die Anwendung der Hygienevorschriften in Fleisch- und Milchbetrieben kontrolliert. Die Inspektionen in den Fleischbetrieben" wurden „von amtlichen Tierärzten durchgeführt, die bei den Kreisen bedienstet sind. Einige Berichte fehlten oder enthielten spärliche Informationen. In einigen Fällen gelang es der zuständigen Behörde nicht, Mängel festzustellen, vor allem, was die ordnungsgemäße Anwendung von Zulassungsbestimmungen und die Hygienepraxis anbelangt."

„Die Rückverfolgbarkeit war im Allgemeinen gut."

„Was die Echtheit und Genauigkeit amtlicher Bescheinigungen sowie die amtliche Kontrolle des Bescheinigungsverfahrens anbelangt, wurden Probleme festgestellt."

Der Aktionsplan der Bundesrepublik Deutschland auf Grund der im endgültigen Bericht formulierten Empfehlungen der Kommission an die zuständigen deutschen Behörden wurde dem FVO am 06.02.2007 übermittelt.

4.4.8 DG SANCO 8112/2006: Bewertung der Kontrollen der Einfuhr von Lebensmitteln und Futtermitteln nichttierischen Ursprungs

Der einwöchige Inspektionsbesuch fand vom 29.05. bis 02.06.2006 statt. Besucht wurden die Bundesländer Bremen und Hamburg.

„Zweck des Inspektionsbesuchs war es, im Kontext der Kontrollen der Einfuhr von Lebens- und Futtermitteln nichttierischen Ursprungs die Durchführung der Verordnungen (EG) Nr. 882/2004 und (EG) Nr. 178/2002 sowie der einschlägigen Entscheidungen der Kommission bezüglich der Kontamination mit Mykotoxinen und der Verfälschung mit Sudanfarbstoffen zu bewerten. Darüber hinaus überprüfte das Inspektionsteam nachfassend die Maßnahmen, die von den zuständigen Behörden als Reaktion auf die Empfehlungen ergriffen worden sind, die das Lebensmittel- und Veterinäramt in seinem Bericht SANCO 7068/2004 ausgesprochen hat."

„Die für die Kontrollen der Einfuhr zuständigen Behörden sind auf Länderebene angesiedelt, die Zollbehörden unterstehen dem Bundesministerium für Finanzen. Die vertikale und horizontale Kommunikation ist zufrieden stellend. Seit dem letzten Inspektionsbesuch wurde ein neues Rahmengesetz (Lebens- und Futtermittelgesetzbuch, LFGB) veröffentlicht, das Lebensmittel, Futtermittel und die Durchführung der EG-Verordnungen Nr. 178/2002 und Nr. 882/2004 abdeckt. Auf der Grundlage des Artikels 55 LFGB sowie EU-weiter Sonderkontrollbestimmungen („Risikokatalog") wurde eine Liste von Lebensmitteln nichttierischen Ursprungs erstellt, die einem speziellen Einfuhrverfahren unterliegen."

„Die einschlägigen Entscheidungen der Kommission bezüglich der Häufigkeit der Beprobung auf Mykotoxinkontaminationen und Verfälschung mit Sudanfarbstoffen wurden im Allgemeinen eingehalten, ausgenommen bei Trockenfeigen aus der Türkei."

„Das Inspektionsteam besuchte ein Labor, das eine einwandfreie Qualität der Aflatoxinanalyse demonstrierte."

„Fünf der sechs bei dem früheren Inspektionsbesuch ausgesprochenen Empfehlungen wurde entsprochen."

„Insgesamt ermöglicht das bestehende System eine angemessene Überwachung der Einfuhr von Lebensmitteln und Futtermitteln nichttierischen Ursprungs. Die zuständigen Behörden in Deutschland verfügen über genau festgelegte Strukturen und gute Kommunikationswege. Für die Kontrolle der Einfuhr ist ein festgelegtes und risikoorientiertes Verfahren vorhanden. Bezüglich der amtlichen Kontrollen in den Freizonen, der Häufigkeit der Probenahmen bei Erzeugnissen, die in der Liste gemäß Artikel 55 LFGB aufgeführt sind, des Probenahmeverfahrens und der Verfahren zur Einholung eines zweiten Gutachtens ist jedoch kein für alle Länder harmonisierter Ansatz festgelegt. Bei dem in Hamburg bewerteten Probenahmeverfahren wurden Schwachstellen festgestellt."

Die im endgültigen Bericht enthaltenen Empfehlungen an die zuständigen deutschen Behörden wurden am 28.12.2006 mit einem Aktionsplan beantwortet.

4.4.9 DG SANCO 8149/2006: Bewertung der Umsetzung der tierseuchenrechtlichen Anforderungen der EU für den innergemeinschaftlichen Handel mit lebenden Tieren

Dieser vom 04. bis 15.09.2006 erfolgte Inspektionsbesuch fand zusammen mit der Inspektion zur Bewertung der Kennzeichnungssysteme für Schafe und Ziegen (GD SANCO 8208/2006) statt (18.–21.09.2006). Beide Inspektionen erfolgten also über einen Zeitraum von insgesamt 3 Wochen, wobei die 6 Bundesländer Baden-Württemberg, Bayern, Mecklenburg-Vorpommern, Schleswig-Holstein, Sachsen und Thüringen besucht wurden.

„Ziel des Inspektionsbesuchs war die Bewertung der Maßnahmen und Kontrollsysteme zur Umsetzung der Anforderungen der Ratsrichtlinien 64/432/EWG, 91/68/EWG, 90/426/EWG und 90/425/EWG für den innergemeinschaftlichen Handel mit Rindern, Schweinen, Schafen, Ziegen und Pferden."

Es wurden folgende Schlussfolgerungen getroffen:

1) „Aufgabenwahrnehmung der zuständigen Behörden"
„Die zuständigen Behörden haben nicht für alle durchzuführenden amtlichen Kontrollen, vor allem bei der Übernahme und vor der Verbringung der Tiere, dokumentierte Verfahren festgelegt; es fehlen auch Verfahren, um zu gewährleisten, wie wirksam die amtlichen Kontrollen sind, und zu gewährleisten, dass gegebenenfalls Maßnahmen zur Behebung von Mängeln ergriffen werden, was gegen Artikel 8 der Verordnung (EG) Nr. 882/2004 verstößt."

„Die Zuständigkeiten für die einzelnen Aufgaben, auch die der beauftragten Einrichtungen, sind von der zuständigen Behörde eindeutig festgelegt. In einem Fall war die Unabhängigkeit der Kontrollaufgaben nicht vollständig gewährleistet, was gegen Artikel 4 Absatz 4 der Verordnung (EG) Nr. 882/2004 verstößt."

„In einigen besuchten zuständigen Behörden fehlten Kenntnisse über die Anwendung des Pferdekennzeichnungssystems durch die damit beauftragten Einrichtungen und sie konnten nicht nachweisen, dass diese Einrichtungen mit zu frieden stellendem Ergebnis überprüft oder kontrolliert worden waren, was gegen Artikel 5 Absatz 3 der Verordnung (EG) Nr. 882/2004 verstößt."

„Die Sammelstellen, Viehhandelsunternehmen und der besuchte Aufenthaltsort standen zwar jeweils unter der Aufsicht der zuständigen Kreisbehörde, aber in der Regel waren die vom Inspektionsteam festgestellten Mängel in Bezug auf Buchführung, Räumlichkeiten, Reinigung und Desinfektion von den zuständigen Kreisbehörden bei Routinekontrollen nicht entdeckt worden oder es waren keine geeigneten Maßnahmen zu deren Behebung ergriffen worden, was dafür spricht, dass die Kontrollen nicht angemessen durchgeführt wurden."

„Die Betreiber erhielten selten eine Kopie der Kontrollberichte, auch bei Verstößen, was Artikel 9 der Verordnung (EG) Nr. 882/2004 verletzt."

2) „Betriebsregistrierung, Tierkennzeichnung und Transportkontrollen"
„Mit wenigen Ausnahmen waren die Betriebsregistrierung, die Kennzeichnung und Registrierung von Tieren und die Bestandsregister von Viehhaltungsbetrieben allgemein zufrieden stellend."

„In den besuchten Sammelstellen und Viehhandelsunternehmen fehlten in den Bestandsregistern häufig die in den Artikeln 11 Absatz 2 und 13 Absatz 1 Buchstabe b der Richtlinie 64/432/EWG des Rates und den Artikeln 8a Absatz 2 und 8b Absatz 1 Buchstabe b der Richtlinie 91/68/EWG des Rates vorgeschriebenen Angaben, wodurch die Rückverfolgbarkeit der durch die Sammelstellen und Viehhandelsunternehmen gegangenen Tiere beeinträchtigt ist."

„Die Rückverfolgbarkeit bei Pferden ist durch eine Reihe von Mängeln bei der Ausstellung der Pferdepässe und das Versäumnis, einen Besitzerwechsel einzutragen, beeinträchtigt. Vor allem in einem Viehhandelsunternehmen gab es kein System für die Rückverfolgbarkeit von Pferden, die zur Schlachtung bestimmt waren, was gegen Artikel 18 Absätze 1 und 2 der Verordnung (EG) Nr. 178/2002 verstößt."

„In einer besuchten Sammelstelle wurden Rinder übernommen, deren Gesundheitszustand nicht gemäß Artikel 11 Absatz 1 Buchstabe e der Richtlinie 64/432/EWG des Rates festgestellt worden war. Im Hinblick darauf war auch die Kontrolle des Amtstierarztes gemäß Artikel 11 Absatz 1 Buchstabe a dieser Richtlinie und Artikel 5 Absatz 3 der Richtlinie 90/425/EG des Rates unzureichend."

„Die Amtstierärzte in verschiedenen besuchten Schlachthöfen konnten nicht gewährleisten, dass jedes für den menschlichen Verzehr übernommene Schaf vorschriftsmäßig gekennzeichnet war und dass Tiere, bei denen dies nicht der Fall war, getrennt geschlachtet und ausdrücklich für nicht genusstauglich erklärt wurden, wie dies in Anhang II Abschnitt II Nummer 2a) der Verordnung (EG) Nr. 853/2004 und Anhang I Abschnitt II Kapitel III Nummer 1 der Verordnung (EG) Nr. 854/2004 vorgeschrieben ist."

3) „Kontrollen in Sammelstellen, Viehhandelsuntersuchungen, Aufenthaltsorten und Tiertransportunternehmen"

„Die Einrichtungen der Sammelstellen waren häufig nicht durch eine räumliche oder zeitliche Trennung der verschiedenen Aktivitäten dem innergemeinschaftlichen Handel vorbehalten und wurden gleichzeitig für den Viehhandel und die Viehhaltung, sowie in einem Fall als Aufenthaltsort genutzt. In diesem Fall hatte dies dazu geführt, dass ein Tier erst nach sechs Tagen aus der Sammelstelle verbracht wurde, was gegen Artikel 6 der Richtlinie 64/432/EWG des Rates verstößt."

„Zudem waren in keiner der besuchten Sammelstellen alle Zulassungsvoraussetzungen gemäß Artikel 11 Absatz 1 der Richtlinie 64/432/EWG des Rates und Artikel 8a Absatz 1 Buchstabe c der Richtlinie 91/68/EWG des Rates vollständig erfüllt. In den meisten Fällen übersahen die zuständigen Behörden Verstöße oder ergriffen keine geeigneten Maßnahmen zu deren Korrektur. Die Kontrollen der Sammelstellen durch die zuständigen Behörden können daher nicht gewährleisten, dass die Zulassungsvoraussetzungen dauerhaft eingehalten werden, was gegen Artikel 11 Absatz 1 Buchstabe f der Richtlinie 64/432/EWG des Rates und Artikel 8 Buchstabe a Absatz 1 Buchstabe f der Richtlinie 91/68/EWG des Rates verstößt."

„Das Verzeichnis der zugelassenen Sammelstellen gemäß Artikel 11 Absatz 3 der Richtlinie 64/432/EWG des Rates und Artikel 8a Absatz 3 der Richtlinie 91/68/EWG des Rates war nicht auf dem neuesten Stand."

„Keines der besuchten Viehhandelsunternehmen erfüllte alle Zulassungsvoraussetzungen gemäß Artikel 13 Absatz 2 Buchstaben c und d der Richtlinie 64/432/EWG des Rates und Artikel 8b Absatz 2 Buchstaben c und d der Richtlinie 91/68/EWG des Rates vollständig. In den meisten Fällen übersahen die zuständigen Behörden Verstöße oder sie unternahmen keine geeigneten Schritte zu deren Korrektur. Die Kontrollen der Viehhandelsunternehmen durch die zuständigen Behörden können daher nicht gewährleisten, dass die Zulassungsvoraussetzungen dauerhaft eingehalten werden, was gegen Artikel 11 Absatz 4 der Richtlinie 64/432/EWG des Rates und Artikel 8b Absatz 4 der Richtlinie 91/68/EWG des Rates verstößt."

„Die zuständigen Behörden sorgten nicht dafür, dass die nach Artikel 5A.1 der Richtlinie 91/628/EWG des Rates vorgeschriebene Zulassung in allen Fällen erfolgte, und sie gewährleisteten nicht in allen Fällen, dass für alle Fahrten über acht Stunden ein Transportplan aufgestellt wird, wie dies in Artikel 5A.2 dieser Richtlinie vorgesehen ist."

„Die zuständigen Behörden hatten bei den besuchten Transportunternehmen nicht dafür gesorgt, dass diese die zusätzlichen Bedingungen für die Reinigung und Desinfektion von Fahrzeugen erfüllen und sie gewährleisteten nicht lückenlos, dass für jedes Fahrzeug alle Angaben zu den Tiertransporten aufgezeichnet werden, wie dies in Artikel 12 Absatz 1 Buchstabe a erster Gedankenstrich und Artikel 12 Absatz 2 der Richtlinie 64/432/EWG sowie Artikel 8c Absatz 1 Buchstabe a erster Gedankenstrich und Artikel 8c Absatz 2 der Richtlinie 91/68/EWG des Rates vorgeschrieben ist."

„Wesentliche Grundsätze für den Betrieb und die Zulassung von Aufenthaltsorten gemäß der Verordnung (EG) Nr. 1255/97, insbesondere deren Artikel 3 und 4, wurden nicht befolgt."

4) „Kontrollen des innergemeinschaftlichen Handels mit lebenden Tieren"

„In einem Schlachthof erlaubte der Amtstierarzt die Schlachtung von Tieren, für die eine Gesundheitsbescheinigung fehlte, was gegen Artikel 5 Buchstabe b Ziffer ii der Richtlinie 90/425/EWG des Rates verstößt, so dass die Tiere nicht den Anforderungen nach Artikel 3 Absatz 1 dieser Richtlinie entsprachen."

„Die Angaben in den Gesundheitsbescheinigungen, die bei der Verbringung von Tieren in andere Mitgliedstaaten mitgeführt werden, waren oft nicht in die Datenbank TRACES eingegeben, wie dies nach Artikel 5 Absatz 4 der Richtlinie 90/425/EWG des Rates vorgeschrieben ist."

„Die Ergebnisse der an den Bestimmungsorten durchgeführten Kontrollen gemäß Artikel 1 Absatz 3 der Verordnung (EG) Nr. 599/2004 der Kommission werden selten aufgezeichnet. Zudem hatten die zuständigen Behörden mehrere Mängel übersehen, die später vom Inspektionsteam festgestellt wurden."

„Die Bescheinigungsgrundsätze nach der Richtlinie 96/93/EG des Rates, insbesondere Artikel 3 Absatz 2 und Artikel 3 Absatz 3, wurden von dem die Bescheinigungen ausstellenden Beamten nicht immer befolgt. Die zuständigen Behörden sorgten nicht in ausreichendem Maße dafür, dass die Beamten das Veterinärrecht genügend kennen und ihnen die Bedeutung der von ihnen unterzeichneten Bescheinigungen vollständig bewusst ist, wie dies in Artikel 3 Absatz 1 und Artikel 4 Absatz 2 der Richtlinie 96/93/EG des Rates vorgeschrieben ist."

5) „Verschiedenes"

„Bei den amtlichen Kontrollen in landwirtschaftlichen Betrieben und zugelassenen Sammelstellen wurden Mängel in der Anwendung von Anhang I der Verordnung (EG) Nr. 852/2003 und Artikel 10 der Richtlinie 96/23/EG des Rates im Hinblick auf das Ausfüllen des Registers der veterinärmedizinischen Behandlungen, die Tieren im Betrieb verschrieben oder verabreicht wurden, und die Ausstellung von Verschreibungen nicht entdeckt. Dies macht deutlich, dass die amtlichen Kontrollen in dieser Beziehung nicht wirksam waren."

„Die amtlichen Kontrollen bei Übernahme von Tieren in einem registrierten Schlachthof konnten nicht zweifelsfrei klären, dass der Gesundheitszustand unbedenklich war, was gegen Anhang I Kapitel II Nummer B.1.b der Verordnung Nr. 854/2004 verstößt."

Im endgültigen Bericht wurden von Seiten des FVO eine Reihe von Empfehlungen an die zuständigen deutschen Behörden ausgesprochen, auf die die Bundesrepublik Deutschland mit einem Aktionsplan reagierte, der dem FVO im September 2007 übermittelt wurde.

4.4.10 DG SANCO 8208/2006: Bewertung der Funktionsweise des Kennzeichnungssystems für Schafe und Ziegen

Der Inspektionsbesuch fand vom 18.09. bis 21.09.2006 zusammen mit der Inspektion zum innergemeinschaftlichen Handel mit lebenden Tieren (GD SANCO 8149/2006) in den Bundesländern Baden-Württemberg, Bayern, Mecklenburg-

Vorpommern, Schleswig-Holstein, Sachsen und Thüringen statt (s. o.).

„Die Kennzeichnung von Tieren ist von zentraler Bedeutung für die Gesundheit von Mensch und Tier, da sie eine Rückverfolgung von Tieren und ihren Erzeugnissen möglich macht. Mit der Verordnung (EG) Nr. 21/2004 des Rates (im Folgenden „die Verordnung") wird ein System für die Kennzeichnung und Registrierung von Schafen und Ziegen eingerichtet."

„Zweck des Inspektionsbesuches war die Bewertung der Funktionsweise des Kennzeichnungssystems für Schafe und Ziegen."

Es wurden folgende Schlussfolgerungen getroffen:

1) „Aufgabenwahrnehmung der zuständigen Behörden"
„Organisation und Zuständigkeiten der zuständigen Behörden in Deutschland sind klar festgelegt. Die verschiedenen Ebenen von zuständigen Behörden waren gut über die Anforderungen der Verordnung unterrichtet. Allerdings hat die zuständige Bundesbehörde Informationen über das Kennzeichnungssystem für Schafe und Ziegen nicht an die Kommission übermittelt, wie dies in Artikel 5 Absatz 6, Artikel 6 Absatz 5, Artikel 4 Absatz 8 und Artikel 11 vorgeschrieben ist." *(In ihrer Stellungnahme zu dem Berichtsentwurf erklärten die deutschen Behörden, da die nationale Durchführungsregelung – die ViehVerkV – noch nicht verabschiedet sei, sei eine Übermittlung der relevanten Daten an die Kommission nicht möglich.)*

2) „Rechtsvorschriften"
„Nationale Rechtsvorschriften zur Durchführung einiger Aspekte der Verordnung sind noch nicht verabschiedet, wodurch die volle Anwendung und Harmonisierung des Kennzeichnungssystems für Schafe und Ziegen beeinträchtigt ist. Im Prinzip haben sich aber die zuständigen Länderbehörden und die zuständige Bundesbehörde in den einzelnen Frage geeinigt."

„Das Fehlen der genannten Bestimmungen in den nationalen Rechtsvorschriften manifestierte sich in den unterschiedlichen Standpunkten der besuchten Länder."

„Die zuständigen deutschen Behörden haben die Ausnahmeregelung nach Artikel 4 Absatz 1 zweiter Gedankenstrich der Verordnung im ganzen Land auf die Kennzeichnung von Schafen und Ziegen angewandt und nicht auf extensive Haltungssysteme oder die Freilandhaltung beschränkt, wie dies in Artikel 4 Absatz 1 vorgesehen ist."

3) „Betriebsregistrierung"
„Das System für die Betriebsregistrierung ist im Allgemeinen hieb- und stichfest."

4) „Bestandsregister"
„Das derzeit angewandte Muster für das Bestandregister beruht immer noch auf der Richtlinie 92/102/RWG."
„Der in den besuchten Ländern eingesehene neue Entwurf für ein Muster berücksichtigt die Bestimmungen von Artikel 5 Absatz 6 und Abschnitt B.1 des Anhangs der Verordnung."

„In den Betrieben lagen Bestandsregister vor. Einige Mängel wurden jedoch festgestellt und eine komplette Rückverfolgung der Tiere war nicht immer gewährleistet."

5) „Tierkennzeichnung"
„Die zuständigen Länderbehörden und die zuständige Bundesbehörde haben sich im Prinzip zwar auf Kennzeichnungsregeln für Ohrmarken geeinigt, auf Bundesebene sind jedoch keine ausführlichen Vorschriften für die Kennzeichnung von Schafen und Ziegen festgelegt und die von den verschiedenen Ländern angewandten Systeme sind nicht ganz angeglichen."

„In den besuchten Ländern hatten die zuständigen Behörden damit begonnen, die Vorschriften der Verordnung für die Kennzeichnung von Ziegen und Schafen anzuwenden. Die in den besuchten Betrieben gesehenen Schafe und Ziegen waren alle vorschriftsmäßig gekennzeichnet. In zwei besuchten Schlachthöfen waren in einzelnen Fällen jedoch Tiere ohne Ohrmarken eingetroffen. Die für die Durchführung der Schlachttieruntersuchungen zuständigen Amtstierärzte hatten Tiere zur Schlachtung angenommen und als genusstauglich erklärt, obwohl sie nicht gekennzeichnet waren, was gegen Anhang II Abschnitt II Nummer 2a der Verordnung (EG) Nr. 853/2004 verstößt."

„Wenn bei Verlust der Originale beide Ohrmarken ersetzt werden und mit einer neuen Nummer versehen werden, kann sich die Rückverfolgung schwierig gestalten."

6) „Transportkontrollen"
„Die Begleitdokumente für Transporte zwischen den Ländern und innerhalb derselben wiesen einige Mängel auf und wurden nicht in allen besuchten Ländern systematisch angewandt."

7) „Verwaltung der Ohrmarken"
„Mit der Verwaltung der Ohrmarken waren Dritte beauftragt worden, und sie war in den besuchten Ländern gut organisiert."

8) „Elektronische Datenbanken"
„Die zentrale Datenbank ist einsatzbereit, es sind aber noch nicht alle Schaf- und Ziegenhaltungsbetriebe erfasst. Zudem sind in der Datenbank nicht alle in Abschnitt D.1 des Anhangs der Verordnung vorgegebenen verbindlichen Felder angelegt. Tiergesundheitsdaten und geografische Daten werden in anderen elektronischen Datenbanken erfasst, die Systeme sind aber nicht miteinander verbunden."

9) „Kontrollen der Bestandsregister und der Tierkennzeichnung und Transportkontrollen"
„Das System zur Kontrolle der Bestandsregister und der Tierkennzeichnung im Rahmen von Gegenkontrollen funktioniert gut. In den besuchten Ländern war es angemessen dokumentiert. Das Inspektionsteam stellte jedoch Mängel bei den Bestandsregistern und den Transportkontrollen in Betrieben, Schlachthöfen und in der besuchten Sammelstelle fest, was darauf hindeutet, dass die Kontrollen nicht immer wirksam sind."

Auf die im endgültigen Bericht formulierten Empfehlungen der Kommission an die zuständigen Behörden reagierte die Bundesrepublik Deutschland mit einem Aktionsplan, der dem FVO am 25.04.2007 übermittelt wurde.

4.4.11 DG SANCO 8326/2006: Schnellwarnsystem für Lebens- und Futtermittel – Warnmeldungen 2006.0560, 2006.0563 und 2006.0576

Dieser viertägige Inspektionsbesuch des FVO erfolgte als Reaktion auf die o. g. Meldungen über den Verdacht auf betrügerische Praktiken in drei Betrieben in Bayern. Der Inspektionsbesuch fand vom 22.09. bis 27.09.2006 statt.

„Anfang September 2006 unterrichteten die deutschen Behörden die Mitgliedstaaten und die Kommission durch das Schnellwarnsystem für Lebens- und Futtermittel (RASFF) über betrügerische Praktiken in drei verschiedenen Betrieben in Bayern (Warnmeldungen 2006.0560, 2006.0563 und 2006.0576)."

„Mit dem Inspektionsbesuch sollte bewertet werden, was die zuständigen Behörden auf verschiedenen Ebenen im Hinblick auf diese Warnmeldungen unternommen haben. Dazu besuchte das Inspektionsteam die von den Warnmeldungen 2006.0560 und 2006.0576 betroffenen Betriebe und nahm eine Prüfung der Dokumente mit Bezug zur Warnmeldung 2006.0563 vor.[8]

Die FVO zog folgende Schlussfolgerungen:

1) „Rechtsvorschriften"
„Im nationalen Recht werden die meisten Anforderungen des neuen EU-Rechtsrahmens für Lebensmittelhygiene und amtliche Kontrollen (vgl. den Bericht GD(SANCO)/8183/2006) nicht berücksichtigt."

2) „Aufgabenwahrnehmung der zuständigen Behörden"
„Die Zuständigkeit der Behörden ist für alle Bereiche klar festgelegt, aber in einigen Aspekten ist die Abstimmung der amtlichen Kontrollen zwischen der Bundes-, Landes-, Bezirks- und Kreisebene nicht wirksam, vor allem weil der Informationsfluss über alle relevanten Kontrolldaten zwischen den verschiedenen Ebenen fehlt und es keine internen Audits gibt (vgl. auch den Bericht GD/SANCO/8183/2006)."

„Es gab kaum Hinweise auf eine Zusammenarbeit mit anderen Mitgliedstaaten, insbesondere was die Weiterbehandlung über ungenießbare Produkte betraf, die in anderen Mitgliedstaaten versandt worden waren."

„Der Informationsfluss zwischen den Bundesländern, und in Bayern zwischen der Bezirks- und der Kreisebene war in einigen Fällen zäh, wodurch Maßnahmen erst spät und Kontrollen unzulänglich durchgeführt wurden."

„In Bezug auf die drei Warnmeldungen und neue Verdachtsfälle auf Betrug wurden Informationen nur mit Verzögerung an die Kommission und die Mitgliedstaaten weitergeleitet. Es wurden auch nicht alle erforderlichen Informationen gegeben."

3) „Amtliche Kontrollen"
„Die zuständigen Behörden überwachen Lebensmittelbetriebe systematisch, die Ergebnisse werden aber nicht immer vorschriftsmäßig dokumentiert. Die Lebensmittelunternehmer erhalten selten Berichte, aus denen hervorgeht, was beanstandet wurde und wie diese Mängel zu beheben sind."

„Die zuständigen Behörden ergriffen keine geeigneten Maßnahmen, obwohl nahezu alle derzeitigen Mängel und Beanstandungen bereits festgestellt waren, in den Betrieben (563) und (576) bestanden einige Probleme bereits seit Jahren."

„Die zuständige Behörde ergriff keine geeigneten Maßnahmen in den Betrieben (560) und (576), die jetzt ihren Betrieb wieder aufgenommen haben, aber noch nicht alle Anforderungen der Verordnungen (EG) Nrn. 178/2002, 882/2004, 852/2004, 853/2004 und 854/2004 erfüllen."

„Die zuständige Behörde hat nicht alle Anforderungen der Richtlinie 85/73/EWG im Hinblick auf die Gebühren für amtliche Kontrollen, vor allem in Kühlanlagern und Zerlegungsbetrieben, angewandt."

4) „Zulassung und Registrierung von Betrieben"
„Grundlage für die Zulassung und Registrierung der besuchten Betriebe sind überholte EU-Vorschriften (vgl. auch den Bericht GD(SANCO)/8183/2006)."

„Der Betrieb (560), der seine Tätigkeit wieder aufgenommen hat, ist nicht gemäß Artikel 4 Absatz 2 der Verordnung (EG) Nr. 853/2004 zugelassen."

5) „Rückverfolgbarkeit, Beschlagnahmung und Freigabe von Produkten"
„Das Verfahren für den Rückruf von Produkten des Betriebs (560) wurde von den zuständigen Behörden nicht vorschriftsmäßig überwacht oder kontrolliert. Die zentrale zuständige Behörde und die zuständigen Bezirksbehörden konnten nicht nachweisen, dass die zurückgerufenen Produkte an den Betrieb (560) zurückgingen. Die Behörden haben keine Maßnahmen getroffen sicherzustellen, dass alle bisher noch nicht beseitigten Produkte beseitigt werden."

„Die zuständigen Behörden haben keinen vollständigen Überblick über die Maßnahmen, die in anderen Mitgliedstaaten, anderen Ländern und auf Kreisebene im Hinblick auf die Produkte aus den drei Betrieben ergriffen werden. Die zentrale zuständige Behörde Bayerns und die zuständigen Bezirksbehörden hatte keine Angaben über die Menge der von der Polizei in den beiden Kühllagern beschlagnahmten Produkte."

„Die zuständige Behörde hat keine Kriterien für zu beschlagnahmende Sendungen oder Kriterien für die mögliche Freigabe von Produkten, insbesondere, was die drei Betriebe betrifft, aber auch nicht für ähnliche Situationen im Allgemeinen."

„Beschlagnahmte Lebensmittel wurden in den Verkehr gebracht, ohne dass die Anforderungen von Artikel 18 Absatz 4 der Verordnung (EG) Nr. 178/2002 erfüllt waren, und obwohl die zuständige Behörde Kontrollen durchgeführt hatte, wurde nicht angemessen reagiert, wenn der Lebensmittelunternehmer gegen Anforderungen der Verordnungen (EG) Nr. 852/2004, (EG) Nr. 853/2004 und (EG) Nr. 1774/2002 verstieß."

„Es wurde kein Verfahren ausgearbeitet, um systematisch Proben bei den Produkten ziehen zu können, die in den drei Betrieben vorgefunden und innerhalb von Bayern und in andere

---

[8] „Die Betriebe, die von den Warnmeldungen 2006.0560, 2006.0563 und 2006.576 betroffen sind, werden in der Folge als (560), (563) bzw. (576) bezeichnet.

Bundesländer versandt wurden. Die Methoden für die Probennahme unterscheiden sich erheblich zwischen der Polizei und den zuständigen Behörden, während die Regeln für Untersuchungen dieselben sind. Die angewandten Untersuchungsmethoden waren beschränkt. Wenn die sensorische Prüfung Auffälligkeiten ergab, wurden keine weiteren mikrobiologischen Untersuchungen auf Krankheitserreger durchgeführt."

„Die Kapazität des LGL ist beschränkt, wodurch es zu Verzögerungen bei der Vorlage der Testergebnisse kommt. Diese kapazitätsbedingten Engpässe wurden schon im Februar in der Folge eines Betrugsfalls im Jahr 2005 gemeldet. Die zuständige Behörde unternahm nichts, um solche Engpässe künftig zu vermeiden."

Auf die im endgültigen Bericht formulierten Empfehlungen der Kommission an die zuständigen Behörden reagierte die Bundesrepublik Deutschland mit einem Aktionsplan, der dem FVO am 08.03.2007 übermittelt wurde.

4.5
Inspektionsberichte des FVO aus anderen Mitgliedstaaten und aus Drittstaaten

Das BVL fasst alle vom FVO neu erstellten Inspektionsberichte in einer monatlich aktualisierten Liste zusammen. Bei Bedarf können die Inspektionsberichte beim BVL angefordert werden, bevor sie auf der Internetseite des FVO zur Verfügung stehen.

Zugehende neue Berichte aus anderen Mitgliedstaaten zu Themen, zu denen auch Deutschland besucht werden wird, werden zur Vorbereitung der entsprechenden Inspektion genutzt und den zu bereisenden Bundesländern und involvierten Bundesbehörden und Einrichtungen zur Verfügung gestellt.

Der vom FVO herausgegebene Inspektionsplan, in dem benannt wird, zu welchen Themen und in welchen Mitgliedstaaten und/oder Drittstaaten Inspektionen im kommenden Jahr geplant sind, wird vom BVL an das BMELV und alle Bundesländer weitergeleitet. Dies gilt ebenfalls für zusammenfassende Berichte des FVO, z.B. Auswertungen zu in bestimmten Mitgliedstaaten zu einem Thema durchgeführten Inspektionen, Jahresberichte etc.

4.6
Fragebögen des FVO

Unabhängig von in Deutschland geplanten Inspektionsreisen versendet das FVO gelegentlich Fragebögen zu verschiedenen Themen an die Mitgliedstaaten, deren Beantwortung binnen einer vom FVO gesetzten Frist erfolgen muss. Diese Fragebögen dienen i.d.R. der Planung und Vorbereitung neuer In-

spektionsreisen in den Mitgliedstaaten. Das BVL koordiniert die Beantwortung der Fragebögen in Zusammenarbeit mit den zuständigen Fachreferaten im BMELV, den ggf. zu beteiligenden anderen Bundesministerien und Bundesbehörden sowie den Bundesländer.

4.7
Inspektionen von Drittstaaten in Deutschland

Auch Drittstaaten[9] führen Inspektionen in Deutschland durch. Die Inspekteure dieser Länder überprüfen, ob deutsche Betriebe, die Lebensmittel in den Drittstaat exportieren, die Anforderungen des Drittstaates an die Lebensmittelsicherheit sowie dessen Vorgaben einhalten. Die Anforderungen der jeweiligen Drittstaaten können ggf. erheblich von den Vorgaben der EU oder von nationalen Vorgaben abweichen.

In diesem Rahmen ist das BVL u.a. zuständig für die Vorbereitung, Durchführung und Nachbereitung von Inspektionen, die amerikanische Behörden in Deutschland durchführen. Deutsche Betriebe, die eine Zulassung für den Export von Lebensmitteln in die USA haben, werden in Abhängigkeit von der Art des exportierten Lebensmittels vom „Food Safety and Inspection Service" (FSIS) des „United State Department of Agriculture" (USDA) oder von der „Food and Drug Administration" (FDA) durch regelmäßig erfolgende Vor-Ort-Kontrollen überprüft.

Fleisch- und Fleischprodukte herstellende Betriebe mit Exporterlaubnis in die USA werden i.d.R. einmal jährlich durch den FSIS inspiziert. Dabei erfolgt eine umfassende Überprüfung des Betriebes und der für die Überwachung des Betriebes zuständigen Verwaltungsstrukturen auf allen Hierarchieebenen.

Die Organisation und Durchführung von Inspektionen des FSIS obliegt ebenfalls dem BVL. Die gesamte meist dreiwöchige Inspektion wird von einem/r Mitarbeiter/in des BVL begleitet. Die Abschlussbesprechung erfolgt im BVL unter zusätzlicher Beteiligung von Vertretern des FSIS und der deutschen Botschaft in Washington sowie der Europäischen Kommission in Brüssel. Im Rahmen der Abschlussbesprechung werden die vorläufigen Ergebnisse der Inspektion vorgestellt.

Der FSIS leitet den Berichtentwurf über den Foreign Agricultural Service (FAS) der amerikanischen Botschaft in Berlin dem BVL zu. Nach Eingang des Berichtentwurfs besteht für alle beteiligten Landesbehörden Gelegenheit zur Stellungnahme. Binnen 60 Tagen nach Eingang des Berichtentwurfs muss die Stellungnahme beim FSIS eingehen. Diese Stellungnahme wird dem endgültigen Bericht des FSIS als Anhang beigefügt. Der endgültige Bericht wird erneut vom BVL an alle an der Inspektion beteiligten Behörden weitergeleitet.

---

[9] = Staaten, die nicht Mitglied der EU sind.

Band 2, Heft 1

Berichte zur Lebensmittelsicherheit 2006

Lebensmittel-Monitoring

BIRKHÄUSER

BVL-Reporte sind Publikationen des Bundesamtes für Verbraucherschutz und Lebensmittelsicherheit

Bundesamt für Verbraucherschutz und Lebensmittelsicherheit

Managing Editor
Peter Brandt
Bundesamt für Verbraucherschutz und Lebensmittelsicherheit
Mauerstraße 39-42
D-10117 Berlin
Germany
Tel. +49-1888-444-10311
Fax +49-1888-444-89999
Peter.Brandt@bvl.bund.de

2007. 72 S. Brosch.
Format: 21 x 27.7 cm
BVL-Reporte, Band 2, Heft 1
EUR (D) 25.00 / EUR (A) 25.70 /
CHF* 40.00
ISBN 978-3-7643-8702-0
ISSN 1662131-X

* unverbindliche Preisempfehlung

Das Lebensmittelmonitoring ist ein gemeinsam von Bund und Ländern durchgeführtes Untersuchungsprogramm, das die amtliche Lebensmittelüberwachung der Bundesländer ergänzt. Während die Lebensmittelüberwachung vor allem durch verdachts- und risikoorientierte Untersuchungen die Einhaltung lebensmittelrechtlicher Vorschriften kontrolliert, ist das Lebensmittelmonitoring ein System wiederholter repräsentativer Messungen und Bewertungen von Gehalten an unerwünschten Stoffen wie Pflanzenschutzmitteln, Schwermetallen und anderen Kontaminanten in und auf Lebensmitteln. Mit Hilfe des Lebensmittelmonitorings können mögliche gesundheitliche Risiken für die Verbraucher erkannt und abgestellt werden.

Inhalt

www.birkhauser.ch

Biowissenschaftlich recherchieren

Über den Einsatz von Datenbanken und anderen Ressourcen der Bioinformatik

Nicola Gaedeke, BioTools.info, Berlin
2007. XII, 208 S. 93 Abb. Brosch.
ISBN 978-3-7643-8525-5

BIRKHÄUSER

Wie recherchiert man in einer Datenbank nach molekularbiologischen Daten? Wie fokussiert man eine Sequenzähnlichkeitssuche? Wie können Suchergebnisse gefiltert und interpretiert werden?
Dieses Buch ist ein Leitfaden für die Informationssuche im Bereich der Lebenswissenschaften, mit dem Schwerpunkt auf molekularbiologischen Daten. Besondere Berücksichtigung finden die Datenbanken und Ressourcen des National Center for Biotechnology Information (NCBI), mit dem die Autorin in enger Zusammenarbeit Erfahrung gesammelt hat. Übungen aus dem Laboralltag veranschaulichen den sicheren Umgang mit biowissenschaftlichen Datenbanken und Sequenzanalyse-Programmen - eine praktische Orientierungshilfe für alle, die mit den Datenbanken und anderen Ressourcen der Bioinformatik effizient arbeiten wollen.

Inhalt

www.birkhauser.ch